新コロナシリーズ ㊺

リサイクル社会とシンプルライフ

阿部 絢子 著

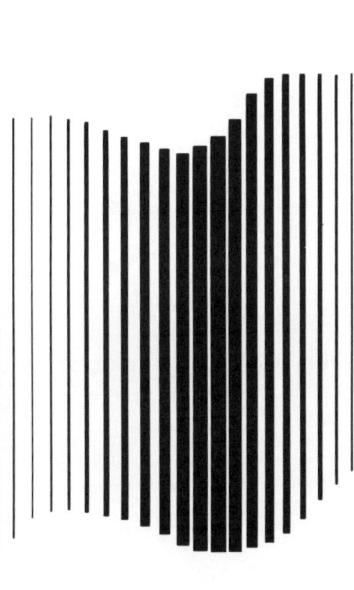

コロナ社

まえがき

二十世紀も終わりになり、この世紀が著しい技術進歩を遂げたことは間違いない。特に、エネルギーは化石燃料利用の開発、ついには原子力開発へと目覚ましい発展をみた。こうしたエネルギー開発により、私たちの暮らしはそれまでに想像もできなかった豊かさ、便利さ、快適さを享受するようになった。

私たちはこの一度味わった便利な暮らしへの欲望を止めることはできなかった。そして、さらなる快適な暮らしへの欲求は、エネルギー利用の増大、交通網の発達、物品の大量生産・消費、地球規模の開発を推し進めた。

ところがやがて、暮らしに欠かすことのできない大気、水、土が、暮らしそのものから出される廃棄物で汚染され始めたことを知らされる結果となった。とはいっても、私たちは自分たちの暮らしそのものが原因の一つであるとは信じたくはなかった。しだいに、汚染の影響が暮らしの身近に迫ってきてようやく、私たちはいかに肥大化した暮らしであったかに気付かされた。そして、初めて地球の大気、水、土、太陽が私たちの暮らしと密接に結びついていることを理解した。

そこで、廃棄を規制するルールを作ることに国、地方、企業、市民が一体となって取り組み、ようやく決定することができた。それは、肥大化した暮らしを抑制するほんの一つの力でしかないが、しかし、ルールがなかった時に比べれば、今後の汚染スピードを緩めるのに役立つ。

二十一世紀は、さらに汚染スピードを落とすため、ルールを広げ、そのうえで汚染排出のないように、私たちの暮らしをシンプルなものにしていかなければならない。その決め手は、一人一人の生き方にかかっている。シンプルな暮らしとは、単にムダなものを買わないだけでなく、地球上に生きる生物の一種としての暮らし方を志向することである。

本書では二〇〇〇年時点で、暮らしや廃棄のルールをできる限り収集した。地球上で生きる私たちは、地球全体の資源である大気、水、土、太陽を使用することで生存し続けていけるのだということをしっかりと認識し、ルールを広く、深く浸透させて行動しなければならない。そのために、この本が道しるべとなれば幸いである。

二〇〇〇年七月

阿部　絢子

もくじ

1　いま、リサイクルは未完成 ―身のまわりのリサイクル事情―

衣類のリサイクル　2
生ゴミのリサイクル　5
水のリサイクル　10
家電製品のリサイクル　15
容器のリサイクル　20
びんのリサイクル　20
缶のリサイクル　23
ペットボトルのリサイクル　27
プラスチックのリサイクル　32
自動車のリサイクル　37
タイヤのリサイクル　42

自転車のリサイクル　45
紙のリサイクル　47
電池のリサイクル　52
建築廃材のリサイクル　56

2　リサイクル社会を目指す

江戸社会は完全リサイクル型　58
江戸から引き継いだ明治、大正時代のゴミ処理法　61
ゴミが複雑化する昭和時代の法制化　63
リサイクル社会を目指すことは　66
リサイクル循環の四つの知恵（四R）　67

3　自然界への廃棄問題

廃棄により引き起こされた自然界の汚染　70
オゾン層破壊　71
大気汚染　73
ダイオキシン汚染　75

水質汚染　79
土壌汚染　84
エネルギー廃棄物による汚染　87
自然界へ廃棄するルール　91
廃棄物処理法　91
再生資源利用の促進に関する法律（リサイクル法）　94

4　生活者のための廃棄ガイド

廃棄するにはコストがかかる　99
廃棄量を減らす　102
自然界に廃棄できるリサイクル可能製品を選択する　107
グリーン購入ネットワークの基本　109
使い捨て容器や包装ものは避ける　111
廃棄物をリサイクルさせるには徹底分別を！　114
分別廃棄物の正しい出し方　115
再生商品を購入する　117

5　これからのシンプルライフの考え方　120

商品購入には「緑のチェック」　120
購入しすぎない　125
省エネ生活は二酸化炭素の排出を抑える　127
省エネ生活は電化製品使用を減少させて　130
環境共生住宅　132
生活の足・自動車を考え直そう　136
新エネルギー開発まで早寝早起き　137
手を加えて再利用する　140
衣生活こそシンプルに　142
　衣類所有の目安　142
　しっかりしたエコロジカルな衣類を着る　144
　手入れは自分でする　147
欲の虫　149
助け助けられる生活　150

1　いま、リサイクルは未完成
―身の周りのリサイクルの事情―

これまで社会は、物の生産、使用、廃棄という流れの一途を辿ってきた。二十世紀も終わりにきて、廃棄の自然界のリサイクルに及ぼす影響が大変大きいことが判明した。そこで初めて、この流れを止めなければ自然界リサイクルが滅び、いずれこの社会も滅びる結果となることに社会が気付き、ようやくリサイクルに一歩を踏み出したのである。

現在、私たちの生活周辺で、リサイクルは実際にどのように進んでいるのか、その事情をみる。現在、身の回りのもので完全なリサイクル循環（ここでは、製品やエネルギーや水が使用、廃棄され、回収されて再資源や原料となるか、あるいは同製品や別製品に再生されることをいう）がなされているものは、数少ない。また、経済成長が盛んになるに従い、製品の数も相当数に及び、そのすべての事情が把握できるわけではないが、リサイクルの動きのある製品についての事情をみた。

衣類のリサイクル

繊維の種類と製造工程

衣類の組成は、大きく天然繊維、再生繊維、半合成繊維、合成繊維の四種類に分けられる。これらの原料は植物の綿や麻、動物の羊毛や繭、化石資源の石油や石炭である。いま、これらは繊維原料や衣類品として輸入され、その総額は年間二兆四、八〇〇万円（一九九七年）にもなっている。一人当り一九、八〇〇円の輸入額となる。

いずれの繊維も原料がなければ生産することはできない。

簡単にその繊維製造工程をみると、天然繊維である綿糸は輸入原綿を機械でほぐし、縮んでいる繊維を伸ばし、梳《す》きながら撚《よ》りをかけ、さらに繊維の太さを整えて引き伸ばし綿繊維とするという工程で生産される。こうして記述すると簡単に製造されるように思われるが、実は植物の栽培から採取までは、工場で製造することとは違い、肥料、水、自然環境などを整える必要もあり、大変な作業となるが、この工程はここには含まれていない。綿花に限らず羊毛繊維である羊の飼育についても同じである。

再生繊維であるレーヨンやキュプラは、読んで字のごとく、再生された繊維の意味を持つ。それは、原料の木材や綿花から再生させた繊維質（セルロース）を使用しているからである。それを強アルカリ液につけて放置し、さらに薬品を加えて製糸していく。

二十世紀に入り開発された石油、石炭を原料として製造されるポリエステル、ナイロンなどの合成繊維は、製造規模が巨大で、工程が複雑であることが多い。ポリエステルは石油を蒸留して得られるナフサから別々に製造される有機酸のテレフタル酸とアルコールのエチレングリコールを化合させてできる、ポリエチレンテレフタレートと呼ばれるチップを溶かし繊維にしたもので、綿繊維と比較すればかなりの工程を経ている。ナイロンはナフサからできるベンゼンに薬品を加えて合成される中間原料カプロラクタムを化合して繊維としたものである。

ここに記述した繊維製造の工程はかなり単純化しているが、しかし実際には加える薬品一つにしてもさまざまなものがあり、相当複雑な工程となっている。そのようにして製造された繊維をさらに生地にし、加工を加え、製品化しているので、衣類のリサイクルとなるとそう簡単にはいかないことがわかる。

衣類のリサイクルの歴史と現状

衣類のリサイクル循環（内容はreuse：再使用）が活発だったのは、一九六五年ごろまでという。家庭で不用となった衣類は回収業者により仕切り問屋に集められ、中古衣類として販売されるか、再利用のための加工業者に渡された。

加工業者では、反毛材料とウェスにした。反毛材料とは、純毛の衣類を一度機械で引っかき、繊維くずにしてからこれを紡ぎ、毛糸や毛織物に戻したもの。それをセーター、オーバー、じゅうたんなどの製品とした。純毛以外の繊維も同じように繊維くずとした後、熱処理を施したり、プレスしたり、薬品を使用したりしてフェルトにし、自動車や音響製品のクッション材や防音材として利用された。

ウェスとは、工業用雑巾のこと。肌着、バスタオル、シーツなどの綿製品を四十センチ四方に切り、雑巾としたものである。おもに製造工場での機械油や汚れ拭きに利用された。その他、毛布を利用して中に芯地を入れた布手袋、ウールマーク付きの毛製品は油吸収材、植物成長促進・雑草防除シート、植木鉢などにも加工されていた。

ところが、経済成長に伴い、古着を再利用するより、新しい衣類を製品化するほうがコストが安くなり流れは新製品化へと向かう。

以来、衣類の組成は複雑になり、再利用製品化がしにくくなり、再生品の価格も高くなる、地価も高騰し衣類のストックが難しくなったことなどによりリサイクル循環は困難を極め、多くは東南アジアへの輸出に道を求めてきた。二十世紀末には、仕切り問屋、再生加工業者の廃業が目立ち、一九九七年の回収衣類量はわずか約二〇トン。この内、反毛類一〇%、ウェス類三〇%、輸出中古衣類三〇%、残り三〇%は廃棄物として一キロ十三円五十銭で焼却場に持ち込まれている。

繊維生産量約三一五万トンであるのに対し、リサイクル循環としての扱い量は二〇トンと非常に小さい量であることがわかる。

さらに衣類のリサイクル循環の壁は、衣類に使用されている染料、顔料、加工をリサイクルする技術が開発されていないこと、したがってポリエステル繊維を回収したとしても、衣類から衣類にリサイクルできないのが現状であるといわれる。一九九六年「ウール・エコ・サイクル・クラブ」が設立され、ウール衣類を土木・産業用マットやフェルトなどに再生利用させている。今後、衣類のリサイクルは衣類を樹脂化し、それを使用して成形品とする方法が有力視されているが、衣類がファッション優先である以上、衣類リサイクル循環への道はまだ遠い。

生ゴミのリサイクル

食生活の変化とゴミ量の増大

これまでに最高のゴミ量を記録した一九九二年、日本全国で年間約五、〇二〇万トン、東京ドームで計ると約一三五杯分にもなる量であった。一日では約十四万トン、一人一日一、一〇四gもの排出量であった。一九八五年では、一人一日九八六gであったから、わずか七年の間に、一一八gの増加を示している。もちろん、さらに七年の間には、ゴミ減量に向けてのさまざまな施策が図られているので、ゴミの全体量は横ばい状態となっている。

東京都のゴミ変化を『ごみの百年史』（溝入茂著・学藝書林）で明治からみると、図1のようになる。これを見ると一九五五（昭和三十）年から一九六五（昭和四十）年までが急勾配で登っていることがわかる。

この急勾配を裏付けるように、このころ、食生活に目まぐるしい変化が現れている。インスタン

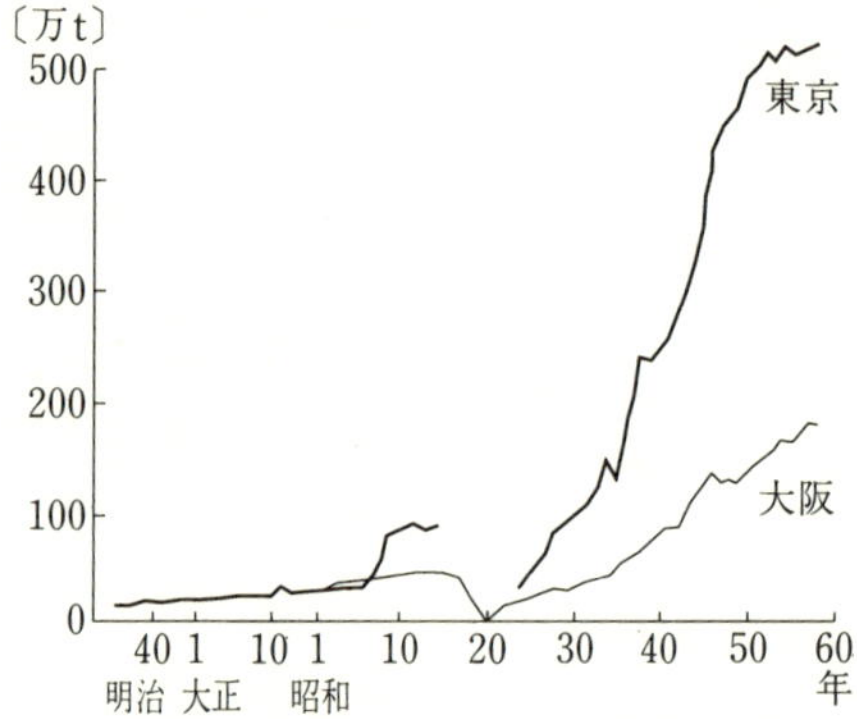

図1　東京都区部のごみ排出量100年の推移
〔溝入茂：ごみの百年史，学藝書林　より〕

ト食品の登場である。インスタントラーメン、インスタントだし、冷凍食品、レトルト食品などが、つぎつぎと現れたのである。

ラーメンは熱湯をかけ二～三分待ち、それで食べられるというのが受けて、爆発的な人気となった。当時は一、三〇〇万食が売れた。ラーメンだけではなく、その後、続々とインスタント麺類が販売された。一九七一年には、鍋やどんぶりのいらないカップ麺が登場する。

そして、いまやインスタントラーメンは、年間五一億食という膨大な生産量を誇っている。一人当り年間四十一食、月に三・五食を食べている計算となる。カップ麺は年間三〇億二、一〇〇万食で、一人当り年間二十四食となる。

この時代、ラーメンのインスタント化を皮切りに、一九五九年には冷凍茶碗蒸し、冷凍えびフライ、コロッケなど冷凍食品の生産が続々と始まった。一九六〇年にはだしの素、一九六八年には容器包装加圧加熱殺菌食品としてカレーを登場させ、レトルト食品はインスタントラーメンに次ぐヒット食品となった。こうして、食卓が手軽に整えられていくに従い、食生活は徐々にご飯と味噌汁、魚や野菜の惣菜といった日本型食生活から離れ、パン、チーズ、肉類を中心とした西洋型食品へと変化していくのである。

現在では、供給食材が需要食材を上回っているため、食材は余り、それが生ゴミを生み出すこととなっている。一九九三年、供給されている食材の熱量は一人二、六二〇キロカロリーであるが、実際に摂取されている熱量は二、〇三〇キロカロリーであるから、一人当り五九〇キロカロリー分の食材が残り、それがゴミとなり廃棄されているわけである。

外食産業の発展と生ゴミの増加

さらに、生ゴミを増加させるように、一九七〇年代に、ファーストフードの外食産業が盛んになってくる。東京は銀座にオープンしたファーストフード店では開店日の売上げが一〇〇万円だったというから、この産業による生ゴミも想像できるというものである。この店をきっかけに、それ以後多くのファーストフード業が出店した。寿司、天丼、カレー、ドーナツと広がり、それだけでは止まらず、ファミリーレストラン、カジュアルレストラン、ディナーレストランといった形態の外食産業が出現し、いまや外食産業華やかな時代に入っているのである。

その外食産業の売上げは、一九七六年には四兆八、九〇〇億円にも上り、さらに十五年後一九九二年では十三兆一、三五〇億円と、著しい成長を遂げた。

このような外食産業の売上げに占める食材の割合は約三五%とされている。この割合から計算すると、使用食材費は約四兆五、九七〇億円となる。一人当りでの外食食材費は約三万六、七七〇円に相当する。これを先述の熱量廃棄分五九〇キロカロリー（供給量の約二十三%）で計算すると、約八、五〇〇円分の食材がどこかに捨てられていることとなる。

日本の全人口にすると、一兆六二五億円分の食材が廃棄されている計算となる。一兆円もの食材がゴミとなっているということだ。それとともに、冷凍食品、レトルト食品、調理済み惣菜、持ち帰り弁当なども手軽に購入されるようになり、食の外部化という食生活変化によっても、食材はゴミとなる率が高まったということだろう。食の外部化の割合は約四十％であるから、家計費の食費八万三、四〇〇円のうち、三万三、三〇〇円に相当する。一世帯での生ゴミ率は約二十三％といわれているので、外部化部分のうち七、七〇〇円分を生ゴミとしていることになる。

つまり、外食で八、五〇〇円、家庭での食の外部化で七、七〇〇円分、合計一万六、二〇〇円分を生ゴミとしていることになる。

生ゴミのリサイクル方法

このようなことから、各市町村では生ゴミを堆肥としてリサイクルさせ、農家に配布して利用してもらったり、ゴミ処理場で焼却する時のエネルギーを熱として利用する活用が実施されている。

といっても堆肥化は、生ゴミ分別を徹底しないと難しい点があり、多くは熱利用の形が取られている。ボイラーの中の水に燃焼の排ガスの熱を吸収させ、ボイラーからの蒸気を発生させてタービンを回す発電、それによる冷暖房、また温水、などに利用する。

生ゴミを各家庭で堆肥化してもらうために堆肥容器の補助をしている市町村もある。

水のリサイクル

地球上の水の循環

地球上には、一三億八、六〇〇万立方キロメートルの水が存在する。そのうち、海水は一三億五、〇〇〇万立方キロメートルで、全体の九七・四%を占める。河川水、湖沼水などの陸水は三、五九八万六、〇〇〇立方キロメートル、雲や霧、水蒸気などの天水は一万三、〇〇〇立方キロメートルである。

地球の表面である海水、陸水は蒸発して大気中の水となり、再び雨となり地表に降ってくる。つまり、水は地球から、大気へと蒸発し、地球へ戻り地球の上を循環していることとなる。計算によれば大気中には十日分の水しか貯えられていない。大気中へつぎつぎに補給し、つぎつぎと放出して、うまくリサイクルしているわけだ。蒸発は海水が陸水より多く、再び降ってくる量は陸水へ多く降る。これでは海水がなくなってしまうと思われるが、陸水は川を通って再び海水へと注ぐので、海水は絶えず入れ替わっているのである。

この循環は自然な働きで、大気中には十日分の水しかないので自転車操業ではあるが、実にバランスよくリサイクルされ、循環している。

水が持つ特性に水素結合がある。水分子は水素原子を介在して引き合う作用があり、酸素をはさんで引き合う水分子は直線に並んでいるのではなく、やや「くの字」に曲がって引きつけられているという。液体から気体になるとき、言い換えると分子がバラバラになるときの熱エネルギーの一部は、水素結合を切るために使用される。それゆえに、水が海から蒸発しても、海水の温度は一定以上に上がることなく、保たれているというわけだ。それと、水素結合は、一秒間に一兆回くらい切れたり、つながったりしている。これは水分子の見掛け上のネットワークによる。これは、水素原子が酸素原子の一方に偏ってついていることからくる水分子の電気的極性（水素イオンH^+と水酸化物イオンOH^-の電荷）による。この特殊性があるため、酸やアルカリを中和する、ある種の酸化還元反応を起こす、多くの物質を溶かすといった作用があるのだ。そのことは、生命の働きの中でも同じような反応があり、生命が維持できるのである。

このような特性を持つ不思議な水分子のお陰で、地球上の生物が発生、進化し、人間の歴史が作られてきたことが理解できる。

生活に使う水

ところが、近年の水消費については、どうであろうか。蛇口をひねれば水が出る簡便さから、とにかく水消費量は増加の一途をたどっている。水消費量は、一九六五（昭和四十）年には、一人一日一六九ℓであったのが、一九九二（平成四）年には三三八ℓで、二倍に増加したのである。家族四人とすると、一世帯では、一、三五二ℓも水を消費している計算となる。

世界中で生活用水として利用できる水量は、一年間で九二〇億トンといわれる。世界人口で割ると、一人一日当り五〇ℓとなる。

アジアでの生活用水を見ると、一人一日四〇ℓ以下で生活している人口は四・八億人、十一か国。一人一日四〇〜八〇ℓで生活している人口は二二億人、五か国。一人一日三三八ℓを使っている日本人は、地球の水循環からすれば、水を独り占めしている。また、アジアの多くの国々で、四〇ℓ以下での水使用生活が強いられている状態であり、それらの国々がすべて二〇〇ℓ以上を使おうとすれば、いまの水供給量は約二・六倍が必要であり、日本と同じ供給量とすれば、五倍が必要となる。これは水循環を壊す。

水汚染の浄化と汚泥活用

山に降った雨がいったんダムに貯められ、河川を通って運ばれ、さらに浄水場から上水道に送られ、水は家庭の蛇口にたどり着く。そこで使用され、汚された水は下水道を通り、下水処理場へ運ばれ、汚れが取り除かれ再び河川へと戻っていく。この循環を汚染のない状態で回さなければ、汚れはひどくなり、しだいに利用できる水量も少なくなってしまう。水使用量の増加につれ、水循環の中での負担も大きくなり、そのうえ、水汚染を拡大させる可能性がある。日本では水質を汚染から守るために有機汚濁環境基準を設定しているが、生活環境項目のＢＯＤ（生物化学的酸素要求量）、ＣＯＤ（化学的酸素要求量）の達成率は、全体で六八・九％、河川は六七・九％、湖沼で四〇・六％、海域は七九・二％であり、河川は以前として汚れ続けている。

この数字が示しているのは、水使用量増加と下水処理の不備などによる水質汚染である。

図2に示すように下水道も整備されてきて汚れた水は下水処理場に送られ、活性汚泥と呼ばれる微生物により分解され、浄化されてから河川に再び戻される。したがって、水使用量が増加する

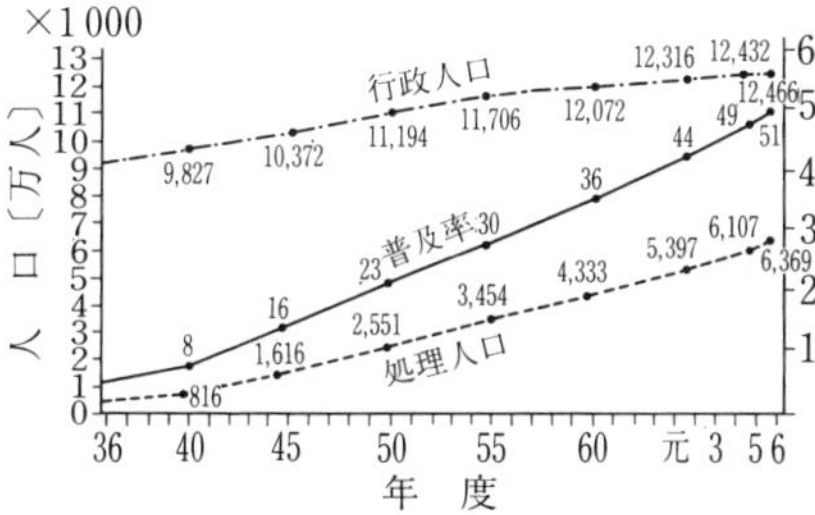

図2　下水道普及率の推移
〔環境庁：1996年版環境白書
（資料：建設省）より〕

と、汚水が増え、活性汚泥も大量使用され、その後汚泥は廃棄されて処理されることになる。汚泥は微生物の残骸であるから、何か有効に利用できることはないかと研究され続けてきた。

一九九四（平成六）年には、日本全国で年間二二七万トンの汚泥が廃棄され、陸地埋立て三六・七％、有効利用に二五・九％、海面埋立てに一九・五％、海洋還元に一一・二％、その他六・七％の割合で処理されている。

汚泥は濃縮され、脱水乾燥され、または焼却され、再利用される。有効利用されるのである。再利用は、緑農地利用、建設資材利用、特殊加工、熱利用などの用途に分かれている。

緑農地への汚泥利用は、そのまま肥料にしたり、乾燥させてから肥料にしたり、発酵させてから肥料にするなどいろいろな方法がとられている。発酵させた後に、土壌改良材とする場合もある。また、焼却灰を園芸用の材料として利用することもある。この緑農地利用は乾燥重量で二一万六、〇〇〇トン。

実施されている汚泥リサイクルは肥料であるが、これも汚泥にはさまざまな物質が含まれているので、その品質基準を作りながら進めているのが現状である。利用度の高い肥料では、品質的には問題ないが、作物により肥料の種類が違うので、作物に合わせて検討を加えながら試行を繰り返している。

建設資材としては、汚泥の焼却灰を土質改良材、コンクリート二次製品、セメント原料などに使用している。タイル、レンガ、透水性ブロック、陶管なども作っているが、これらはコストに問題があり、採算を検討している。透水性ブロックなどは公園や道路に使用し、建設資材としては、乾燥重量で一四万六、〇〇〇トンの利用となっている。

また、熱利用法もまだ研究途中で、排水処理後の汚泥リサイクルは研究段階だ。

家電製品のリサイクル

家電製品の多様化と普及

新生活を始める人たちにとって暮らしの必需品は、鍋、釜の時代からはるか遠く、いまや炊飯器、冷蔵庫、洗濯機、電子レンジ、掃除機などの家電製品となっている。家電製品の最初の登場は、冷蔵庫。大正十二年のこと、この時アメリカG・E社の製品が輸入され、日本でも作りたいと思ったメーカーがG・E社に相談をもちかけたが、日本の技術水準ではだめだと断られた。が、そのメーカーではこっそり独力で製造し、一九三〇（昭和五）年に国産初の冷蔵庫を誕生させた。それは冷蔵庫といわず、冷蔵機と呼ばれたという。

ちなみに、この年、国産洗濯機も登場している。掃除機は一九三一（昭和六）年に、電動ポンプ式のものが発売された。

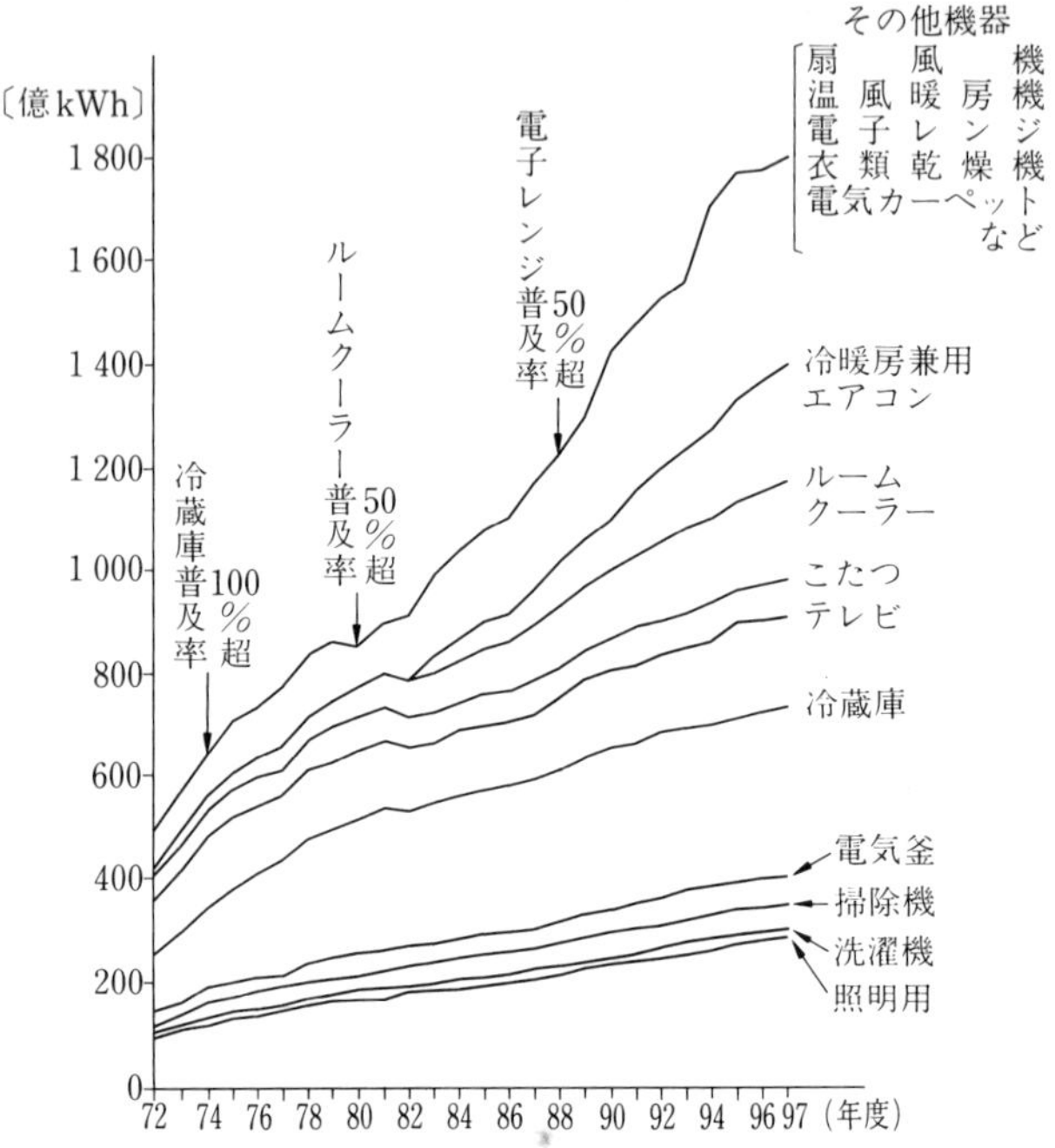

図3　家庭用電力の伸び
〔電気事業連合会：電力需給の概要　より〕

しかし、家電製品が盛んに生産されるようになるのは、第二次世界大戦後、一九五〇〜六〇年代になってからであった。

一九五三（昭和二十八）年噴流式洗濯機が発売され、電化元年と呼ばれ、電化時代がスタートする。夏には各社が冷蔵庫を発売。サラリーマンの平均収入の約十倍という高値であった。パン食の普及からホップアップ式トースターが発売されたのもこの年である。

一九五五（昭和三十）年には、寝ている間にご飯が炊けるという夢の電気釜が発売されたが、社内から「そんなだらしない女のことをわが社が考える必要があるのか」との声から、五、〇〇〇台だけ発売。それが大当たり、一九六四（昭和三十九）年には五十％の家庭に普及するというヒット商品となったのである。

冷蔵庫、洗濯機、掃除機が三種の神器と呼ばれ、争うようにどの家庭でも購入に努めた。一九九二（平成四）年、冷蔵庫の生産量は四、四二五万五、〇〇〇台になるが、洗濯機、掃除機に比べると、その生産量ははるかに少ない。一人暮らしも含め、冷蔵庫は一家に一台がすっかり浸透した結果といえる。

家電製品の普及ぶりを家庭用電力の伸びから見たのが図3である。

家電製品のフロンの回収

一九九五（平成七）年、オゾン層破壊につながる環境への影響の大きい製品（冷蔵庫、エアコンなど）については、特定フロンの製造・使用が禁止され、廃棄物発生抑制、環境保全、再生資源の有効利用を目的とした法律が制定された。

この法律に従い、特に一九九五年以前に製造されたものについては、二種類の特定フロン（冷媒用、断熱材発泡用）が使用されているため、廃棄にあたっては回収されなければならない。使用されている二種類のフロンのうち、冷媒用は比較的回収しやすいので、すでに回収が進められている。しかし、断熱材発泡用のフロンは、小さな独立気泡の中にガス状態で封じ込めているので、回収が困難であったが、研究の結果、現在それも回収が可能となる見通しとなった。

回収プラントの仕組みは、つぎのようになっている。

キャビネットにドリルで穴を開け、油と冷媒用フロンを抜く。これは分離され、回収される。コンプレッサーが手で外され、残りの断熱材のフロンを回収するため、閉鎖状態の中で外気の進入を避け、一次破砕、二次破砕にかけられる。破砕はフロンを回収しやすく、また断熱材のウレタンを分離しやすくし、同時に冷蔵庫に使用されている鉄、銅、プラスチック、アルミなどを分離しやすくするのが目的である。

その後、ロットチューブミルと呼ばれる鉄棒が三十本入っているものでかきまわされる。鉄を分離するための機械である。鉄が分離された後、風を送り込み、ウレタンは風で選別され、鉄は磁力で、プラスチック、アルミニウム、銅は渦電流で選別されて回収される。風により選別されたウレタンは微粉砕機にかけられ、さらにウレタン圧縮機でつぶされる。すると、気泡がつぶれ、そのとき、排出するフロンを活性炭に集め、加熱してガスを押し出してから冷却し、液化回収する。フロンが除去されたウレタンは、ミンチ状で回収される。

このように長い工程を経てフロンを初め、鉄、銅、アルミニウム、プラスチックが回収されることとなる。また、別の研究ではプラズマ処理による無害化回収が行われている。

二五〇ℓの冷蔵庫でフロンが約七〇〇g使用されている。フロン全使用量十三万トンのうち、三、〇〇〇トンが冷蔵庫のフロンといわれる。これだけのフロンを回収するには、費用も相当必要となる。このリサイクル費用は九割がプラント費用といっても過言ではない。

(財)家電製品協会の説明では、冷蔵庫フロン回収、リサイクル資源回収に、一台につき約二、五〇〇～七、〇〇〇円必要との計算だ。その費用を市町村、メーカー、そして使用者も負担しなければ、リサイクルが難しい時代となった。

家電廃棄物の増加とリサイクルの手だて

その他の家電製品について、エアコンは、リサイクルされたものを自動車などに再利用できないか、またテレビのブラウン管背面部のファンネルは鉛を分離し洗浄してリサイクルし、つぶした後製品化し、同じ用途として再生させる法を研究している。冷蔵庫、エアコンから回収されたフロン、テレビからのPCBなどは、無害化への手だてを研究中であることから、保管している。また、近年本体に多く使用されているプラスチックは最終処理は埋め立てされている。

（財）家電製品協会によると、冷蔵庫は一九八九（平成元）年には三三〇万台、一九九五（平成七）年は三七〇万台、一九九六（平成八）年三九〇万台と、年々廃棄量が増加しているという。これは、新製品が売り出される、修理するには部品がない、修理代が高い、中古販売ルートがほとんどないといった理由から買い替えが進んだことが原因といえる。

年々増加する家電製品廃棄に対し、平成十三年度からリサイクルが本格的に実施される。だがその道は険しい。

容器のリサイクル

びんのリサイクル

私たちの身の回りの容器といえば、古くからびんがあった。ガラス製のびんが最初に日本で生産されたのは、一八七六（明治九）年、硫酸を入れる薬びんであった。その後、ビールやラムネなど新しい飲み物が外国から輸入され、それらはびんに入れられていた。輸入ビールの売行きが盛んになると、札幌、大阪、甲府などで外国人技術者を招き、国内生産が始められた。ところが、問題はびんがないことであったとか。輸入びんを集め、再利用したが、回収するのに時間、費用がかかり、とても大変であったそうだ。

国内びん生産ができるようになるのは、一九〇〇年代になってからのこと。機械製びんとなり、ビール、ラムネ、そして明治になって飲むようになった牛乳もびんで販売された。

ガラス製びんが日本で本格的に生産されたのは、大正時代に自動製瓶機械が導入されてからという。このころ、日本製のびんは輸出され、好評であった。

いまガラスびんは、薬用、ドリンク、化粧品、食糧、調味料、牛乳、清酒、ビール、洋酒、飲料水といったものに使用されている。一九九五（平成七）年、合計生産量は約一〇二億本で、二二三万トンとなる。

このうち回収され、繰返し利用されるのが牛乳、ビール、清酒、酢などのびんで、リターナブルびんと呼ばれている。一方、一回の使用で終わりとなるドリンク剤、調味料、佃煮やジャムなどのびんはワンウェイびんと呼ばれる。この使用比率は一九七〇（昭和四十五）年の七対三が、一九九二（平成四）年には二対八と、ワンウェイびんがほとんどを占めるようになっている。リターナブルは手間、費用、飲料流行が変化するといった理由から使用者はもちろんのこと、メーカー、販売店でも避ける傾向にある結果といえる。

びんリサイクルは、リターナブル、ワンウェイにより方法が違う。

リターナブルびんのリサイクル

リターナブルびんは販売店に回収されるが、この場合には、回収したときに商品に含まれていたびん代が返却される制度となっている。販売店からは酒類問屋に運ばれ、それぞれの酒類の製造工場へと戻され、栓除去、ゴミ除去、洗浄、殺菌、検査、内容充塡、ラベルが貼られ出荷、という工程でリサイクルされている。ビールの場合、一本のびんは平均二十回は使用される。

ワンウェイびんのリサイクル

ワンウェイびんの中でも薬品、ドリンク剤、化粧品などのびんは原材料に特殊な成分が使用されているので、再資源化することはできない。これらは埋め立て処分される（この他、びんではないが、ガラスを使用した板ガラス、電球、耐熱ガラス、クリスタルガラスなども埋立て処分される。

ワンウェイびんで食料、調味料、飲料などは回収ステーションなどからカレットセンター、資源化センターに運ばれ、大きな異物が除去され、破砕機で砕かれ、磁気や風で異物除去が繰り返され、さらに色別に無色透明、茶、青と緑、黒、その他の五種類に分けられ、カレットとしてびん製造工場に販売される。カレットとは、空きびんを粉々に砕いたもので、これで飲料びんは製造できないが、原料に混ぜることで燃料を節約でき、原料を溶けやすくする働きがある。そしてけい砂、ソーダ灰、石灰石、カレットが混合され、溶解炉で溶かされ、溶けたガラスは製びん機に送られ、びんとして再生される。

びんに使用できない不良カレットは、アスファルト舗装、コンクリート舗装の骨材、人工大理石、断熱材などの建築材の材料として再利用されている。

このようにワンウェイびんもリサイクルされるが、できればリターナブルびん利用がよい。最近の東京大学生産技術研究所の研究では、容器の生産から廃棄までの環境の負荷は、ワンウェイびんをリターナブルびんにすることで、CO_2で七八万トン、廃棄物処理費用では一、五〇〇億円も減らせるという結果がでた。

缶のリサイクル

缶入り飲料の発売と爆発的な増加

びんは最も古い容器であるが、数量が多くなると重い、かさ張るなどの理由から新しい容器が誕生した。一九五四（昭和二十九）年、日本初の缶ジュースが試売された。しかし、この缶を定着させることは大変だったようだ。

びんのように中身が見えない、目の錯覚から内容量が少なく見えると、いった消費者の反応に会社側は説明会を開催して理解を広げていった。三年後、天然缶ジュースを販売し、大好評を得、割れない、持ち運びが手軽などの利点が受けて、缶容器は浸透していく。

一九七〇（昭和四十五）年、缶コーヒーが登場し、缶容器は一挙に増加した。

こうした缶入り飲料の増加の背景には、自動販売機が導入されたことがある。

自動販売機は、一九三一（昭和六）年に連続写真付きのキャラメルの自動販売機が最初で、一九七〇（昭和四十五）年、缶コーヒーが販売された年、自販機は一〇〇万台を突破した。翌年、びんビール、電子レンジ内蔵のハンバーガーや弁当、カップ麺の自販機が現れ、その生産台数一三九万台となる。そしていまや、年間生産台数六一万六、〇〇〇台にも上るのである。

缶コーヒーの缶はスチールであるが、一九七一（昭和四十六）年に、アルミ缶入りビールが新発売される。その初めはブリキ缶入りのビールであった。

スチール缶のリサイクル—鉄のリサイクルの歴史は古い

缶飲料の素材としてはほとんどスチール（鉄）が使用され、その使用率は約六十％。年間二一八億本が生産される。

明治時代から鉄生産が盛んになり、使用済み鉄製品は「もっぱらのもの」と呼ばれ、溶かされてリサイクルが進められ、いまも続いている。

このルートにスチール缶も乗り、リサイクルされている。その結果、リサイクル率は七三・八％と高い。これは、ドイツ六七％、アメリカ五六％を抜き、世界トップとなっている。

一九九五（平成七）年、回収、リサイクルされたスチール缶は一〇四万八、〇〇〇トン。鋼材に換算すると、東京タワーが二六二本も建設できる量だ。

回収されたスチール缶は、電炉メーカーに引き取られ、溶かされて、建設材料の鉄筋棒としてリサイクルされる。また、一部は高炉メーカーに渡され、製鉄の材料にリサイクルされている。スチール缶とするには、かなり厳しい規格があり、再生してもスチール缶はできない。

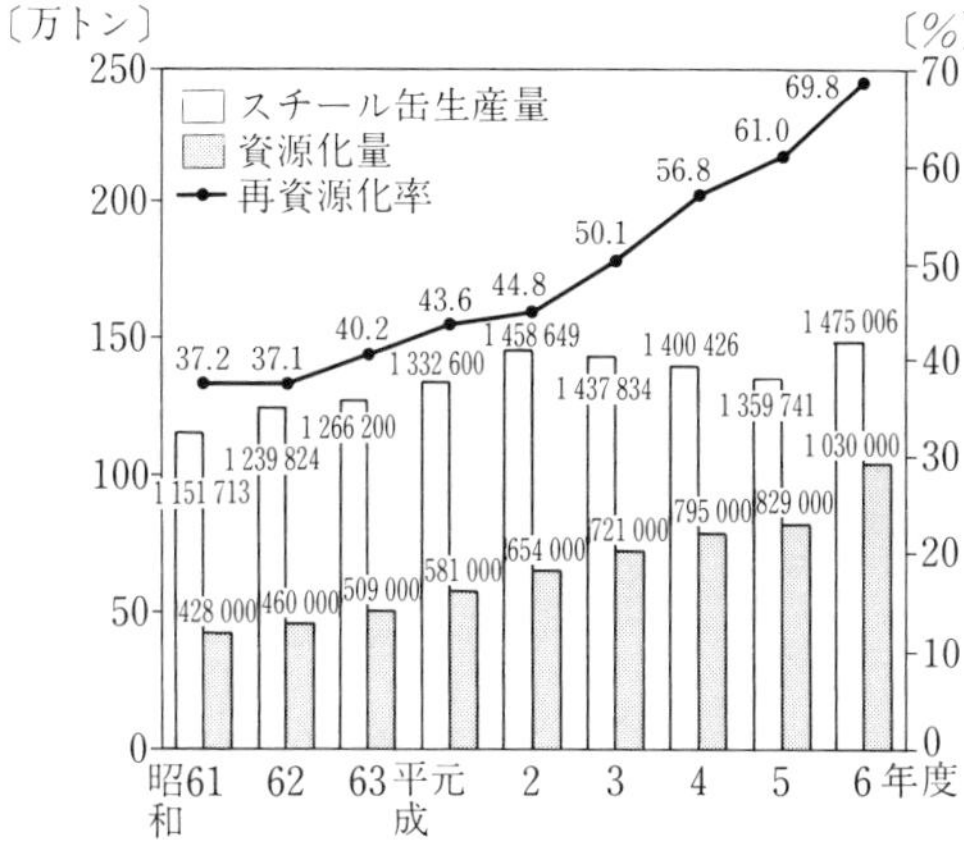

（a）　スチール缶の生産量と資源化量の推移（歴年）

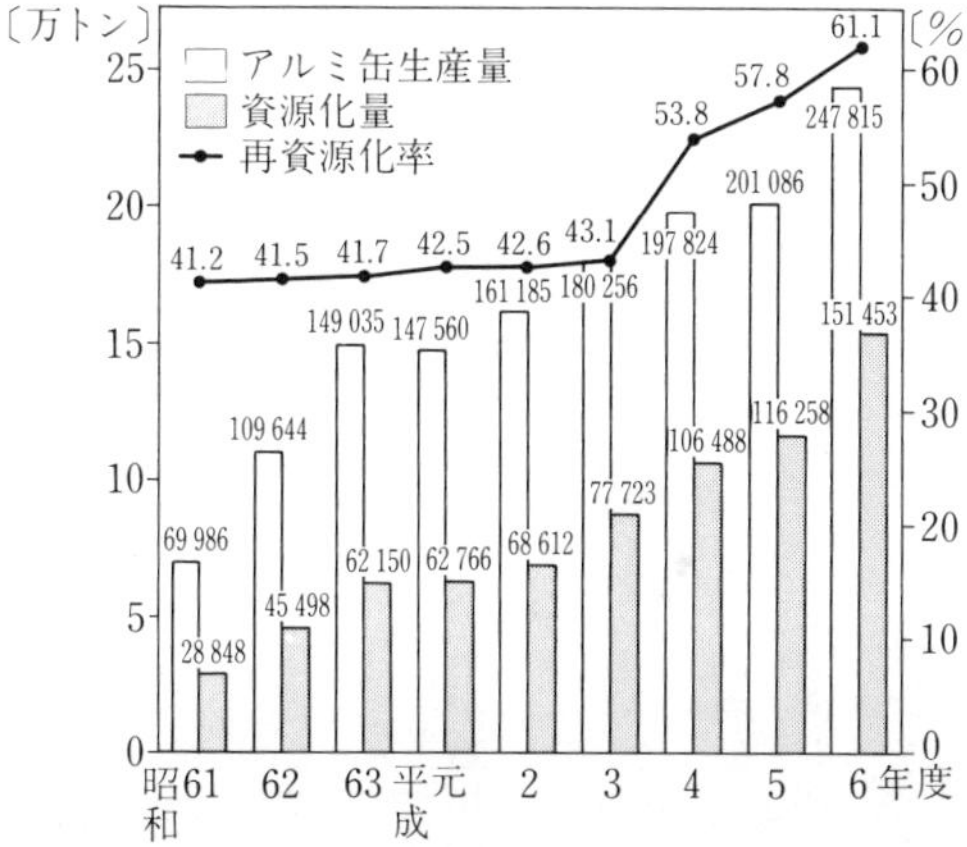

（b）　アルミ缶の生産量と資源化量の推移（年度）

図4　缶の資源化の推移
〔東京都情報連絡室：東京リサイクルハンドブック'96　より〕

アルミ缶のリサイクル―膨大な電気エネルギーの節約

もう一つの缶材質がアルミニウム。一九三五（昭和十）年、アメリカ・クルーガー・ビールが缶入りビールを出した。これが、世界のアルミ缶の始まりである。

アルミニウムで製品を作るには、原料であるボーキサイトからアルミニウムの酸化物、アルミナを取り出し、つぎに電気分解でアルミニウムを製造、これを使用しやすいように型にいれて固める。これが新地金である。この地金を板にしたり、押し出して、缶を初め自動車用熱交換器、乗用車用エンジン部品、ホイール、鉄道車両、住宅サッシ、包装材、OA機器部品といったものが作り出される。この新地金を作り出すときに、消費される電気エネルギーが多量であるため、過去二回のオイルショックで、ほとんどの企業は新地金生産から撤退し、いまは多くを海外輸入に頼っている。

このようなアルミニウム生産事情もあり、新地金を使用するより、再生地金を利用したほうが、九七％ものエネルギーが節約になる。この理由から、アルミ業界では積極的にアルミ缶を回収し、異物を除き、溶解して含まれている成分を調整し、固めて再生地金にするリサイクルを推進してきた。その結果、現在では三九六万トンの製品需要の中、国内再生地金消費量は一四六万トン、約三七％を占めるまでとなった。

アルミ缶だけでいえば、年間生産量二六・五万トン、一五九億二、〇〇〇万缶。そのうち回収率は六五・七％。リサイクル利用量は一七・四万トン、一〇六億四、〇〇〇万缶。リサイクルされた原料から缶材に使用された割合は四五・六％。つまりアルミ缶からアルミ缶へのリサイクル率が四五％である。

実際のリサイクルは、回収されたアルミ缶はスクラップされ、再生工場で溶かされ、再生地金となる。これを自動車部品、機械部品、鍋、フライパン、アルミホイルなどの製品に再生される。回収したアルミ缶の約三分の一は缶材料に使用される。

このほかアルミ製品には、アルミ容器、エアゾール製品、キャップなどがあり、これらもリサイクルできるので、使用後は回収させ、リサイクルに出す。アルミ製品かどうかを見分けるには、磁石を使う。エアゾール製品の場合には、ガスによる危険性があるので、穴を開け、ガスをしっかり抜き、押しボタンを除いた上で回収に出すこと。

特に、缶飲料は戸外で飲むことが多く、投げ捨てによる放置が年間約十五億本にもなるといわれている。リサイクルによる資源化を進めるためにも、投げ捨て、放置、他のゴミに混ぜないといったルールを守ることが大切である。

ペットボトルのリサイクル

ペットボトルの登場と新しいゴミ問題

びんから缶へと変化を遂げてきた容器は、食生活の充足とともに、さらなる変化へと向かうこととなる。ペットボトルの登場である。ペットボトルが飲料容器としていつ登場したのかは、定かではない。

一九五七（昭和三十二）年に、ポリエステル（ＰＥＴ）が工業生産を開始したとプラスチック年表にあることから、このころにボトルとしても生産され始めたのではないだろうか。一九七七（昭和五十二）年にしょうゆボトル、一九八二（昭和五十七）年に清涼飲料水容器として厚生省が許可している。

ペットボトルとは、ＰＥＴと書く樹脂の呼び名で、正式名称は、ポリエチレンテレフタレート。一般にプラスチック樹脂は、ブロックを長くつなぎ合わせて作られた物質で、つなぐブロックのことを単量体またはモノマーと呼び、長くつないだ状態を重合といい、つなぎあわせた物質を重合体またはポリマーと呼んでいる。

ペット（ＰＥＴ）の場合には、使用するブロックは二種類、エチレングリコールとテレフタル酸。この二種類を重合させ、重合体であるポリエチレンテレフタレートの樹脂ができ、この樹脂をびんに成形するわけだ。

作られたペットボトルは、じょうぶ、軽い、運搬しやすいなどの利点から多量に使用され、したがって廃棄も多くなり、近年のゴミ問題となってきた。

最も多く利用しているのは飲料容器としてで、中でもミネラルウォーターの消費が顕著な増加傾向を示している。一九九四（平成六）年では五億五、九〇〇万ℓの消費であり、一ℓのペットボトルを使ったとすると、約五・五億本のペットボトルが廃棄されたこととなる。国民一人が一年間に四・五本を消費したことになる。これだけのペットボトルが廃棄されたわけだから、当然ゴミ増加に影響してくる。

ペットボトルのリサイクル―マテリアルリサイクルとサーマルリサイクル

このような理由からリサイクルされることとなったのだが、ペットボトルといっても、一般のプラスチックと同じように、さまざまなリサイクル法があり、市町村によっても違いが起こっている。そのリサイクル法とは、七つに分けられる。

1　単一のものを選別して成形加工原料に再生利用する。
2　プラスチック再生加工品を製造して再利用する。
3　分解して化学原料として再利用する。
4　再生燃料として固形化して冷暖房、発電、セメントや高炉に利用する。
5　熱分解して油化し、重油、軽油、灯油など再生燃料として利用する。
6　分解して燃料ガス化してボイラーなどの燃料に利用する。
7　燃焼させ、熱回収化してゴミ発電として利用する。

1、2、3の物質として再利用する方法をマテリアルリサイクル、4、5、6、7の熱源として再利用する方法をサーマルリサイクルと呼んでいる。

いずれの方法でのリサイクルも経済的、合理的に進めなければ労力、経済、時間の浪費となり、リサイクル結果も良い状態とはいえない。現在ペットが行っているリサイクル法は、1と4や5の方法だ。したがって、ペットボトル使用者は、排出にはルールをしっかり守り、確実にリサイクルできる状態にして排出する義務がある。

ペットボトルの分類―有効なリサイクルのために

それには、しっかりとした選別をすることから始まる。プラスチックの原料材質の種類は九十三種にも上る。これをしっかり見分けることは困難である。それで見分けるための識別マークがペットボトルには付けられている。図5に消費量の多い原材料プラスチック七つのマークを示す。

回収ペットボトルは1のマーク。ここで間違うと、純度の落ちる成形加工原料ができるので注意する。キャップをはずし、ラベルをはがし、中を簡単に水洗いし、つぶして容積を小さくし、ペッ

1：ペット樹脂
2：高密度ポリエチレン
3：塩化ビニル樹脂
4：低密度ポリエチレン
5：ポリプロピレン
6：ポリスチレン
7：その他

図5　プラスチック材質識別マーク〔日本プラスチック工業連盟資料より〕

トボトルだけをまとめて指定場所、指定日に出す。ガラスびん、アルミ缶、紙容器、別なプラスチックボトル（ポリエチレン、ポリプロピレン、塩化ビニルなど）をいっしょにしない。

回収されたペットボトルは、再生工場に運ばれ、ボトルごと洗浄され、粉砕機にかけられてフレーク状にされ、この状態でまた洗浄され、アルミや他の金属が除去され、さらに洗浄され、熱風乾燥されて精製されたフレーク状の再生ペット樹脂となる。

ペットボトルから何ができるか

一九九五（平成七）年には二、五九四トン、ボトルでは四、一八〇万本が回収された。このように再生された成形加工原料からさまざまな製品が作り出されている。

・衣類——防寒着フリース、ワイシャツ、人工皮革、スポーツシューズ、企業制服など。繊維メーカーでは原綿、糸として製品化している。
・デイバッグ——大きめのバッグで、アウトドア用としての使用ができる。
・カーペット——柄織りも製品化できるが、感触にやや難点がある。
・不織布類——水切りゴミ袋、台所用クリーナーで、濡れても破れない特性がある。
・タワシ——研磨剤も加わり、研磨力がアップしている。
・ファイル、ブックカバー——紙や革に混ぜて作ったものがある。

プラスチックのリサイクル

プラスチックの発明と普及―それは石炭からベークライトで始まった

人類が、燃える石である「石炭」を発見したのははるか昔。石炭に関する最古の歴史は、約三、〇〇〇年前に中国で、また、一、九〇〇年前にローマで利用されたことが知られている。ギリシャの二、二〇〇年前の書物にはつぎのような記録として最古のものが残っている。

「岩石には燃えて鍛冶に使用されるものもある」

この石炭を利用して、最初にプラスチックを合成し工業化したのは、一九〇九年、アメリカのベークライトである。フェノールとホルムアルデヒドを原料にして作ったプラスチックで、「ベークライト」と名付けられた。一九三〇年代からの石油化学研究によるプラスチックがつぎつぎと発明されたが、燃えやすいという欠点のため、姿を消していく。そして、原料も石炭から石油へと移っていった。

まず発明されたのは塩化ビニル。一九四八（昭和二十三）年から市場に出回り、ビニールの風呂敷、レインコート、ハンドバッグなど人気があった。ただ、耐熱温度が低い、油に弱いなどから、一九五七（昭和三十三）年にポリスチレン、一九五八（昭和三十四）年にポリエチレン、一九六二

（昭和三十七）年ポリプロピレンなどのプラスチックが生産された。

プラスチックの種類と性質

プラスチックの種類は日本工業規格には、九十三種類が記載されている。それぞれに特徴があるが、大きく性質により二種類に分けられる。

熱を加えると柔らかくなるのがプラスチックの特徴で、冷却され固まった後、再度加熱すると再び柔らかくなるのが熱可塑性プラスチック、熱を加えてももう柔らかくならないのが熱硬化性プラスチック。身の回りには実際に多数のプラスチックを使用しているが、おもなものは限られているので、どのようなものか性質を覚えておこう。

1　ポリエチレン類

熱可塑性プラスチック。軟質と硬質があり、いずれも酸、アルカリ、アルコール、食用油には強い性質。耐熱温度は軟質は七〇〜一一〇℃、硬質は九〇〜一一〇℃。

軟質は袋、フィルム包装材、食品容器、農業用ポリフィルムに使用されている。

硬質は食品容器、レジ袋、バケツ、洗面器、灯油缶、パイプ、コンテナーに使用。

図6に示すように、ポリ袋の生産量は急速に増え、紙袋にとって代わっている。

2　ポリプロピレン類

熱可塑性プラスチック。酸、アルカリ、アルコール、食用油には強い性質。耐熱温度は一〇〇

～一四〇℃。食品容器、フィルム、浴用品、ひも、収納容器、電気製品などに使用。

3　ポリスチレン類

熱可塑性プラスチック。酸、アルカリについては強いが、アルコール、食用油にはやや弱い性質。耐熱温度は七〇～九〇℃。テレビ、食卓用品、魚箱、トレイ、玩具に使用。このプラスチックを発泡させたものが発泡スチロール。

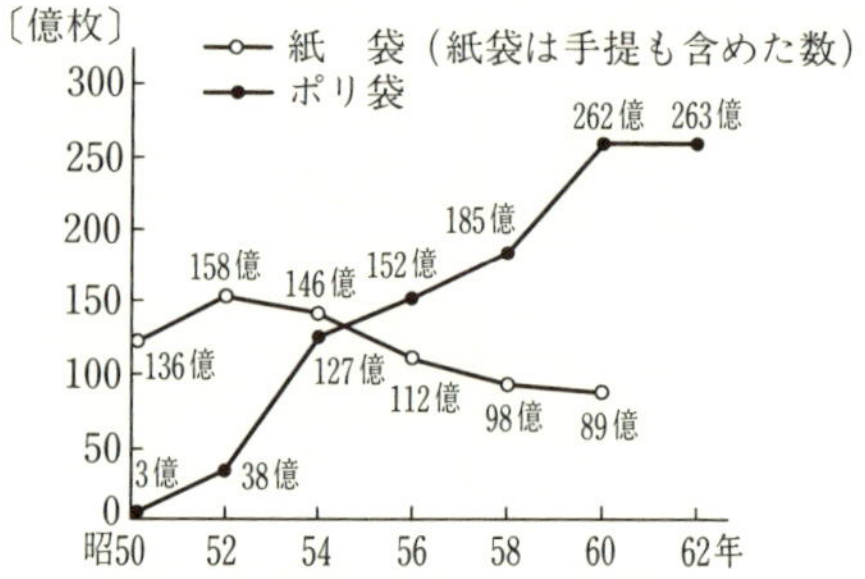

図6　紙袋とポリ袋の生産量推移
〔昭和家庭史年表1990年版，河出書房新社より〕

4 塩化ビニル樹脂類

熱可塑性プラスチック。酸、アルカリ、アルコール、食用油には強い性質。耐熱温度六〇～八〇℃。農業用ビニルフィルム、ラップ、電線被覆、パイプ、ホース、家屋内装材などに使用。

5 ポリエチレンテレフタレート

熱可塑性プラスチック。酸、アルコール、食用油には強く、アルカリにはやや弱い性質。耐熱温度は六〇～一五〇℃。ペットボトル、カセットテープ、ビデオテープ、写真フィルムに使用される。

これら五種類のプラスチックが家庭でよく使用され、廃棄されるもので、ゴミの中の割合は八八%をも占めることがわかっている。

プラスチックのリサイクル―納得のゆくシステムを求めて

これらのプラスチックのリサイクルについてはかなり以前から行われていたが、それは原料が高価で、経済的な効率が成立していた時代のことであった。しかし、原料も安価に入手でき、ゴミ問題とはいえ経済性の悪いリサイクルはしだいに忘れられた。

いま三度目のリサイクルに取り組まなければならない状況となっている。それには、経済性、資源確保、社会のコンセンサスなどを踏まえ、だれもが納得のできるシステムを作り、将来的にも循環できるシステムにすることだ。現在、行われているリサイクルは、排出プラスチック総量の四九%が焼却し、その熱をゴミ発電や、他の熱回収利用、四一%が埋立て、一〇%が再生利用で、再生材料としたり、再生製品を作ったりしている。

再生利用の例—食品トレイの循環

再生利用しているプラスチックにポリスチレンがある。これは発泡スチロールで、食品トレイ、梱包材に使用されている。このリサイクルは回収がスーパー、コンビニなどでも行われているので、比較的循環のよいプラスチックである。

回収されたポリスチレンは、再生原料の品質を高めるために、汚れのひどいもの、色があるものなどに選別され、洗浄される。その後、機械で細かく粉砕され、さらに洗浄され、乾燥し、熱で溶かされ、細かく粒状にカットされて原料となる。

このように再生された原料は、食品トレイ、弁当用容器として製品化される。しかし、汚れのひどいもの、色のあるものなどは、同じ製品とすることができないため、植木鉢、石鹸置き、ビデオケース、ハンガーなどに再製品化されている。

容器包装プラスチックのリサイクルの義務化

ポリスチレンや他の容器包装プラスチックについても、そのリサイクルが義務付けられたが、どのようなリサイクルシステムにしていくかは、確立されていない。

考え方には、先のポリエチレンテレフタレートのところでも示したように七つの方法がある。再生加工原料とする、再生加工品とする、化学原料とする、再生固形燃料とする、再生液化燃料とする、再生ガス燃料とする、熱回収でゴミ発電とするといった方法だ。リサイクルの受け皿、方法などはそれぞれの市区町村で結論が出ていないが、これからは生活者のプラスチックに対する姿勢も問われてくる。

自動車のリサイクル

自動車の生産量と保有台数の急増

ドアからドアへ、遠くの目的地まで移動が自由にできる大変便利な乗り物が自動車。ドイツ人技師G・ダイムラーが創意したこの二十世紀の文明の利器は、一八八八年に四輪車として世に登場した。

日本に持ち込まれたのは、一九〇〇年。そして、やがて自動車を自国生産するようになった日本は技術を高め、世界でも有数の自動車生産国となった。図7に自動車の保有台数と車種別比率を示す。

一九九七年現在での、日本の保有台数は自動車全体で六、八一〇万台、乗用車は四、二九六万台である。二人に一台、一世帯で一・六台となる。

この保有台数が意味するところは、日本の経済力増強とともに、反面自動車という廃棄物を生み続けていることも意味していないだろうか。

毎年行われるモーターショーでは、新型自動車が登場する。日本車の場合は、四年に一度フルモデルチェンジがあるという。そして、速さの技術を競うために開催される各種モーターレース。日本のメーカーは、こうした展示会、レースでも自動車発祥国に劣らずの技術を披露できるまでとなり、国内生産を海外生産に切り替え、経済成長を支え続けてきた。

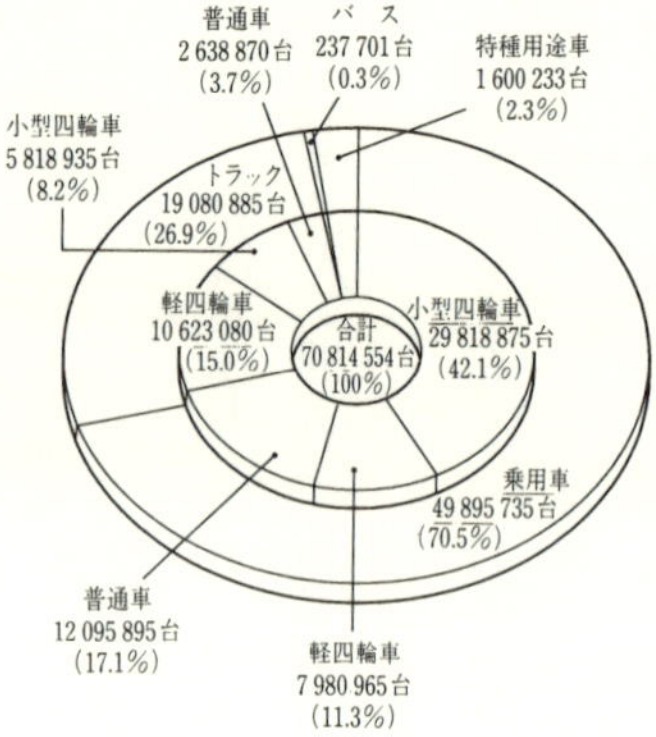

(a) 1998年末現在の車種別保有台数構成比

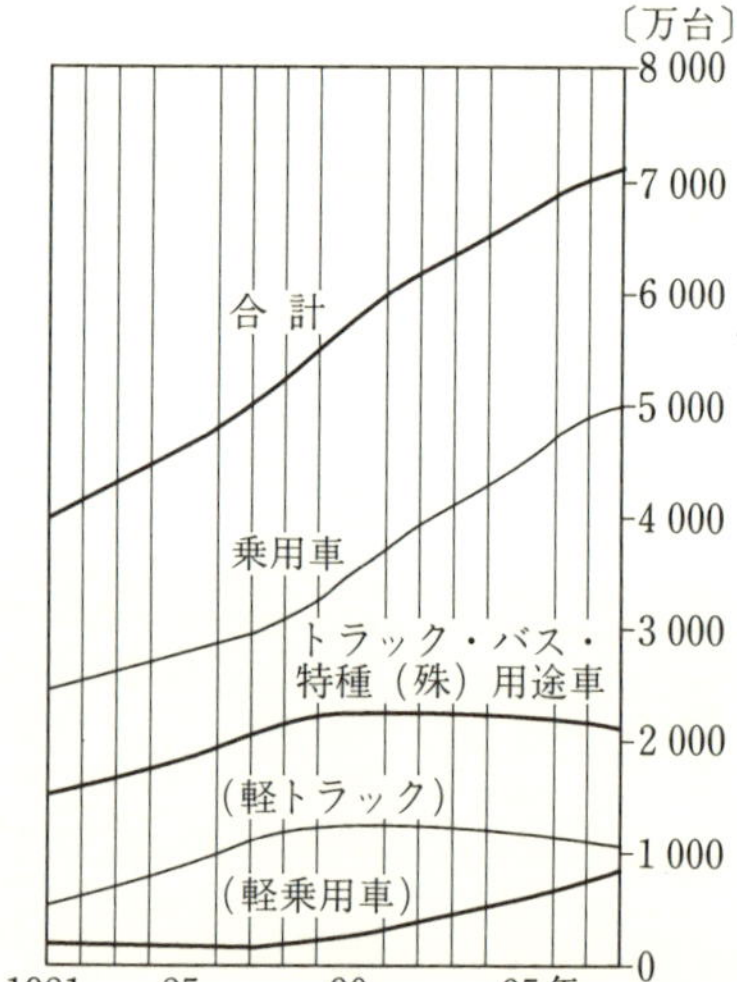

(b) 四輪車保有台数の推移

図7 〔(社)日本自動車工業会：1999 日本の自動車工業 より〕

廃車量の急増とリサイクルの崩壊―野に積まれる廃車とタイヤ

生産された自動車は、いったん使用不可能となった場合、それは廃車という形となり、解体され、使用できる部品は再使用に回されるが、その他はスクラップとされていた。それも保有台数が少なく、廃車量も限られていて、バランスがとれていた時代でのこと。生産量が増加すると、保有台数はある程度限られているので、勢い廃車量が増加する結果となり、バランスは崩れ、廃車台数のみが膨れ上がることとなった。これは、廃車を専門としている業者にとっては頭の痛い問題でもあった。つまり、解体リサイクルが間に合わなくなるばかりか、解体部品が増加し、その価格は値下がりすることとなる。解体業者にとっては利益が少なくなり、廃業するか、営業はしても解体が不完全になったり、解体業者とはいっても引き取りだけで、不法に投棄したりする事態となった。これが長年にわたり日本を覆うこととなり、山や島、空き地に廃車、タイヤの山を築いたのである。山が築かれるだけであれば問題は少ないが、自動車に使用されている金属、プラスチックなどからの有害物質が、長い間に溶け出し、地中にしみ込み地下水に流れ込み、さらに河川や湖沼、海へと溶け込み、水生生物に影響を与えることが懸念される事態となった。

廃車については、税制上では六年を経過した自動車は償却されたと見なされる。それゆえに、六年経過した自動車は、二次流通では正規には引取りがされない。逆に認められる価値部品などに課税されての廃車処分となるわけである。しかし、この廃車処分は産業廃棄物扱いとなるので、処分には一台当り八千~二万円の費用負担がかかることとなる。それでは使用者にとっても負担が大きいというので、六年を待たずに買い替え、それは中古自動車として販売される。

ところが、使用者に経済力がついてくると、中古車を購入する人は少なくなり、ほとんど新車購入となる。そこで中古自動車市場が溢れ、行き場のなくなった中古車は廃車となるか、第三世界に販売される。

いずれにしても自動車のリサイクルシステムが確立され、スムーズに循環しない限りにおいては、自動車を生産することはイコール廃車を生産しているといっても過言ではないのである。

廃車の解体と再利用

一九九七年、廃車台数は五〇〇万台。廃車するには、廃車手数料を支払い、販売店、中古専門業者に持ち込む。販売店では、解体業者に引き取ってもらい、解体工場で解体が進められる。

解体した部品は種類別に集められ、図8のように中古部品として再利用されるもの、別の製品の原料に再生産されるものとに分けられる。

中古部品として再利用されるものは、エンジン、ミッション、バッテリー、ギアなどである。エンジン素材はおもにアルミニウム合金なので、アルミニウム製造工場に販売されることもある。

別の製品の原料に再生産されるものとしては、触媒、非鉄金属類、バッテリー、タイヤ、ライトの一部などがある。

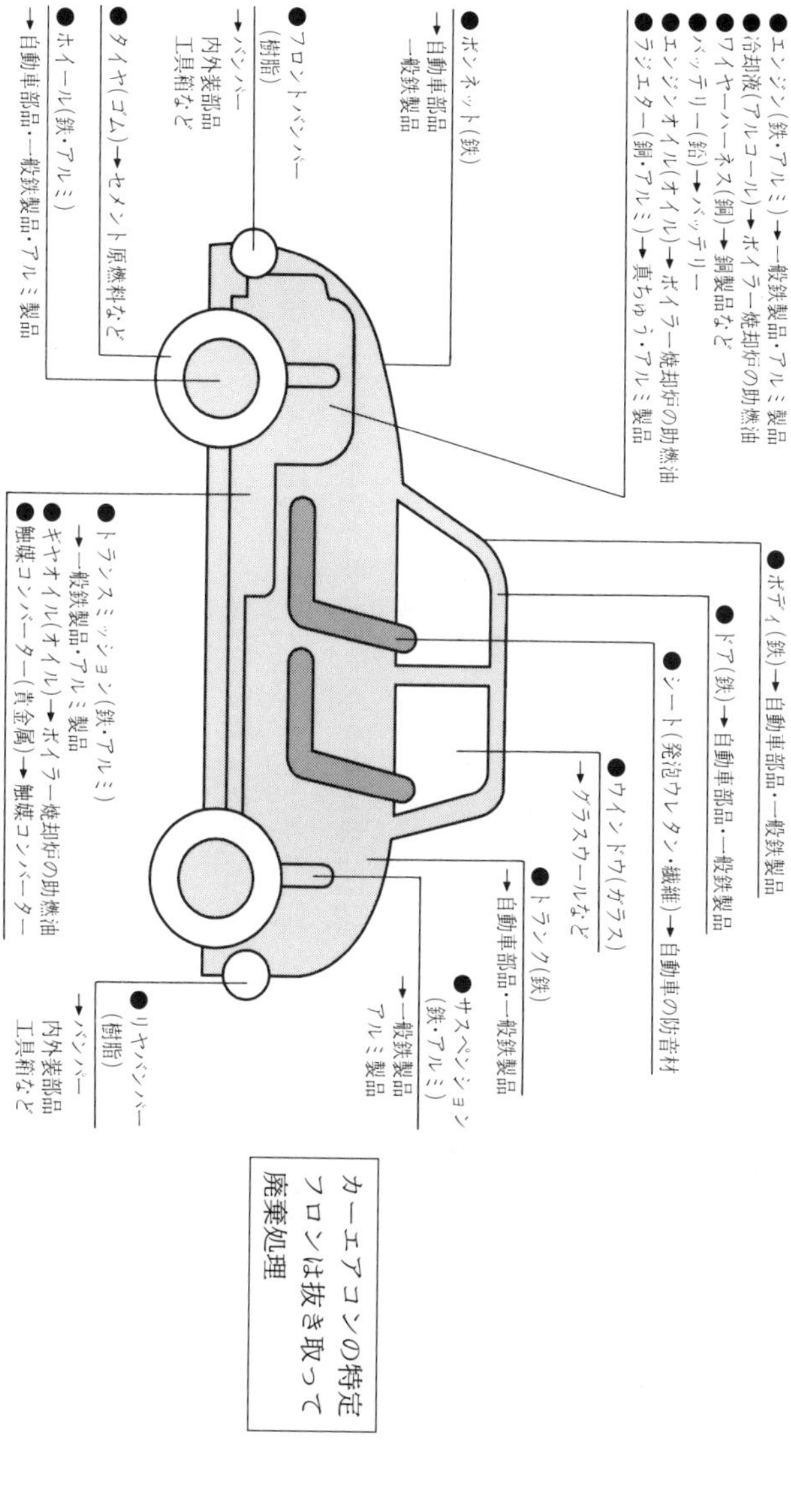

図8　自動車のリサイクル

〔(社)日本自動車工業会，(社)日本自動車販売協会連合会：自動車リサイクル　より〕

シート、ダッシュボード、計器といったものは回収せず、車体と一緒にシュレッダー業者に持ち込む。シュレッダー業者は、スクラップ車をシュレッダーにかけ、その後、電磁石で再利用が可能な鉄、非鉄金属に分類して精錬する、電炉処理し再原料として再利用するなどにリサイクルされる。また、シュレッダーにかけた際に舞い上がる塵、ゴミ（シュレッダーダスト）は集塵機で集められ、産業廃棄物として埋め立て処分されるが、処分場から有害物質が滲みだす可能性もあり、より安全な管理型処分場が求められている。

さらに、最終処分するシュレッダーダストを減容・固化し、固化したものをガス化し、エネルギーに変換して有効利用する実証研究をスタートさせた。これについては、実証だけではなく、採算性も検証する目的である。自動車のリサイクルシステムは研究が始められたところである。

また、業界全体では、解体しやすい、部品を分解しやすい、除去しやすいなどの技術研究も始まった。当然、各メーカーは、再利用、再資源化が困難な樹脂、ゴム、材料の有効利用、シュレッダーダストのリサイクル、触媒再生処理と再利用、再利用しやすい材料開発、リサイクル設計など多くの技術研究に着手している。

タイヤのリサイクル

自動車になくてはならないタイヤ。走り方によりタイヤの持続性も違ってくる。スピードの出し過ぎ、コーナーでのブレーキのかけ方、急ブレーキの使い方、急発進や急停車、タイヤの仕業点検やチェックでタイヤの寿命も変化してくる。できる限り長持ちさせたいものだが、寿命となったものは、廃棄処分にして、リサイクルに回す。

タイヤは一八八八年に始まったゴム工業製品である。その当初のタイヤの消費量はわずかに一トンであったという。それから百年。いまではゴム製品の生産量は一三七万トンとなり、アメリカに次ぐ生産国である。生産量中タイヤの占める割合は七五・六％の一〇三トン、一億六六八万本を生産した。これも自動車の生産と同様で、廃タイヤも増加しているわけだ。

タイヤに使用されている材料には、天然ゴム、合成ゴム、タイヤコード、カーボンブラック、配合剤（加硫促進剤、老化防止剤など）といった一〇〇種類以上の原材料が使用されている。そのうちの六〇％が石油を原料とするのである。

一九七〇年代までは、有価物として燃料リサイクルされていた。ところが、生産と消費がともに増えていったころ、タイヤ性能アップのために配合したスチールから発火し、百日間燃え続けるという事件が起こり、リサイクルがより一層強化され、いまでは回収ルートも確立され、ほぼ九三％のリサイクル率となっている。

廃タイヤの利用法

廃タイヤの利用は図9のように熱利用と原形利用に大きく二つに分けられる。

図9　廃タイヤの利用法

一九九五年、廃タイヤ回収量は九、九〇〇万本。リサイクルは燃料としての熱利用が五三％、原形のまま再利用や加工して再利用は四〇％、不明は七％となっている

原形再利用では、漁船や岸壁の防舷材や遊具などに利用され、そのリサイクル率は三％。加工再利用では、タイヤのゴムを張り替えて製品化し、トラック、バスに利用されている。海外での加工、再利用するものを含め二五％となっている。その他の加工再利用では、ゴム粉として再生利用する方法がある。ゴム分を粉砕し、粉状にして、ゴムブロック、マットとして道路、運動場、ゴム道路舗装材、競技場トラックなどに利用される。

このゴム粉は昔から再生ゴムとして、高性能を求めないタイヤ、ゴム板、ホース、工業用ベルトなどにリサイクル利用されてきた。この利用率が一二％である。

ゴム材料に含まれるスチール、硫黄はセメント原料としてリサイクルされ、他に含まれるゴムとコードは燃料として再利用される。熱利用は、残渣が残らず、また、セメント原料利用はセメント原料の節約という点からも有効な方法である。このリサイクルが二九％である。

いまタイヤ業界ではリース方式による廃タイヤ投入設備無償貸与制度を設け、機械を貸し出すことでセメント業界にタイヤのリサイクル利用を呼びかけている。

残り三％は化学的分解でガス、オイルなどのケミカルリサイクル利用が占めている。

そのほか、廃タイヤを燃焼させて発電する設備を世界で初めて栃木に設置し、発電リサイクル可能かを実験している。

自転車のリサイクル

日本にアメリカから自転車が輸入され、初めて登場したのは、一八六五年といわれる。現在生産量は七、三〇〇万台になるという自転車。地球温暖化の原因とされる二酸化炭素を排出しないという点だけをとってみても、利用価値のある生活道具だが、これ以上生産量が伸びないのは、坂道が大変、自転車道がないので車や歩行者との衝突が危険、高齢者では使えないなどの不便さも目立つ。

特に近年、問題となっているのが放置自転車問題、それにつながる粗大ゴミ問題である。自転車環境整備促進協議会が設置されたのも、こうした放置自転車に対策を立てなければという動きからだ。

この協議会によると、一九九六年、放置自転車の台数は全国でおよそ七十万三、〇〇〇台。このうちの十九万二、〇〇〇台が東京に集中しているという。それは自転車が都会生活になくてはならないものとなった背景がうかがえるが、またそれだけ一極集中化が進み、なにをしても責任を問われない都会に暮らす人々のモラルもここには見えるようだ。

この膨大な放置自転車の約六割は持ち主に返されるが、四割は引取り手がなく、廃棄処分される。この協議会では廃棄自転車の回収に当たっている。

年間で廃棄される自転車の総量は六六〇万台だが、粗大ゴミとして自治体に持ち込まれたもの四一八万台、小売店に持ち込まれたもの一〇八万台、放置状態にあったもの七一万台となっている。生産量の約十一台に一台の割合で廃棄・回収されている。

廃棄・回収された自転車は、自治体、小売店協議会などを通し、民間の処理業者に渡される。そこで、破砕機にかけられ、鉄、非鉄金属とに分けられ、それぞれが有価物として販売され、残りのゴム、プラスチックは埋立て処分されている。

再資源となる鉄は、リサイクル材料として、橋、鉄骨などに再生される。一〇〇台の廃棄自転車から、約一・五トンの鋼材が再生されているのが実情である。

小売店に持ち込まれた廃棄自転車では、一部再生され、再販売されるものもある。

七一万台にも上る放置自転車の実際の回収には市区町村が当たり、民間処理業者に渡され、破砕機にかけられ、リサイクル有価物として販売される。ただ、一部は再生され、アジア、アフリカなどの海外に送られ、保健や医療活動用として使用されている。その数、全国で約四六万台。

自転車が生活に根づいた国としては、オランダがよく知られているが、そのほかにも自転車を生活の足として普及しようとしている町がある。それは、アメリカはワシントン州シアトルだ。一九九八年十二月五日の朝日新聞が伝えるところによると、ここでは環境問題に対応するために、むこう十年間で通勤者の十人に一人の割合で自転車を利用する人を増やそうという市民運動が展開されている。

また、ドイツでも自転車専用道路の導入をする町もあり、自転車活用が進められている。

紙のリサイクル

一九六四年六月十八日、ティッシュペーパーが日本に登場した日である。

それまで家庭で使用している紙といえば、ちり紙や京花紙。古紙や雑パルプを使用した文字通りの安価なリサイクルペーパーであった。

そのティッシュペーパー販売発表からわずか三十六年、いまや家庭の必需品としての不動の位置を占めるまでとなった。

紙幣、切手、証券用紙、切符、新聞、雑誌、書籍、ノート、塾問題用紙、包装紙、箱類、段ボール、ダイレクトメール、パンフレット、封筒、カタログ、トイレットペーパーなどいろいろな紙類が家庭内に持ち込まれている。

紙とは、植物繊維を取り出し、これを水に分散させてから水をこし、薄く平らにからみあわせたものをいう。が、現在紙の材料はパルプである。材料パルプは図10に示すように、約五〇%は木材から作られる材料パルプで、そのうちの四〇%は国内産木材パルプ、一〇%が輸入木材パルプである。材料パルプの残り五〇%は古紙から作られる古紙パルプである。したがって古紙パルプは大切な資源であり、古紙を再生させることがいかに大切かがわかる。

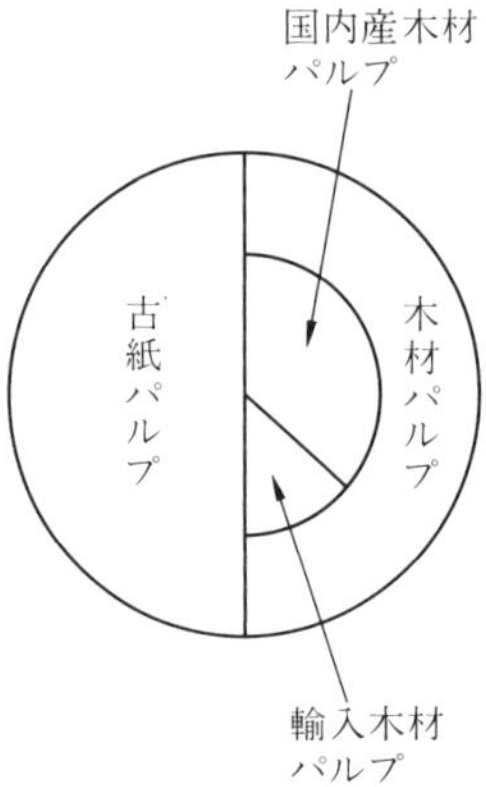

図 10　材料パルプの割合

古紙の回収と利用法

古紙パルプは、おもに段ボール、新聞、雑誌などが回収・再生されたものである。生産された紙類のうち、古紙パルプとして再生できるのは約六六％で、残り約三四％は再生不能紙類ということになる。

しかし、日本における古紙回収率は一九九二年で、五一％。つまり再生可能な紙は前記のように六六％であるから、生産した紙類の約一五％分は廃棄処分となっている計算となる。一九九二年の統計によると、家庭から一日に排出するゴミ量一、一〇四 gのうち、一六一 gが紙類であり、この中には、回収・利用できるものがあるはずである。

せっかく国内で自給できる大切な資源であるにもかかわらず、回収率は一九九六年でようやく五三・六％。二〇〇〇年までに五八％とすることを目標とかかげ、業界では回収に取り組んでいるが、まだまだ古紙が定量的に供給されるまでには至らず、天候、季節などにより古紙の発生量が変動することも問題である。

古紙の品質―ていねいな分別で品質がきまる

それと古紙の品質の問題もある。古紙を発生させる家庭で、紙の分別が徹底されていないことだ。

新聞紙にチラシが混入すると、それだけで古紙パルプ生産に影響が起き、品質低下を招くこととなる。それで、日本の古紙が持っていない強度、白さを補うためにアメリカから約二万トンの古紙を輸入し、使用しているのが現状だ。古紙を再生させるためには、古紙そのものの品質がよくなければ、古紙パルプとして再利用ができない。品質基準としてまず、石、ガラス、金物、土砂、木片、プラスチック類、樹脂含浸紙、硫酸紙、ターポリン紙、ロウ紙、建材、捺染紙が混入していない、カーボン紙、ノーカーボン紙、ビニールコーティング紙、ラミネート紙、粘着テープ、感熱紙などを少量なら混入していてよい、また、水分については古紙重量の一二％以下であることなどが決められている。

古紙の種類としては、新聞紙、雑誌、段ボール、上白、摸造、色上、ケント、茶摸造、台紙などが古紙パルプとして再利用される。

古紙から古紙パルプへ

古紙から古紙パルプとなる工程は、つぎのようである。

1　大きな異物を除き、大形洗濯機のような機械（パルパー）に古紙を投入し、水を加えて攪拌する。これで古紙は繊維状に戻る。

2　クリーナーを通して、砂やホチキスの針など重い異物を除く。

3　スクリーンで大きな異物を分離する。

4　薬品により繊維を膨潤させ、異物を分離しやすくし、インキを分解し剝がれやすくするための熟成タワーで寝かせたあと脱墨処理する。
5　スクリーン、クリーナーで細かい異物を除去し、必要に応じて漂白工程を組み込む。
このような工程を経て古紙は再生されるが、どのような条件で処理されるかにより古紙パルプの品質が決定される。

この後、古紙パルプは紙へと再生される。
6　液状パルプをプラスチック製網の上に同じ厚さに広げる。
7　上下のローラーでプレスし水分を絞る。
8　熱により乾燥させ、表面に塗料を塗り滑らかにする。
9　紙を巻き取り、規定の寸法に切り仕上げる。

再生紙の用途

再生紙使用によりつぎのようなものが製品となっている。

板紙では、段ボール箱。青果物、電気製品、食料品などの段ボールは三〇〜九五％の利用率、機械類の外装箱、自動車の内装用にも使用されている。紙器では、利用率八〇％以上のティッシュ、洗剤、石鹼、ラップ、菓子、衣料品、靴、玩具などの箱、利用率七〇％の医薬品、化粧品、食料品などの箱、弁当箱、紙トレー、アルバム台紙、他には、紙管、贈答用箱、卵ケース、緩衝材といった製品に利用される。

洋紙には板紙ほど利用されていないが、教科書、書籍などには二〇～四〇%が配合され、雑誌では二〇～六〇%、カタログやパンフレットでは一〇～四〇%、チラシには八〇%近くの利用率となっている。

製紙原料以外の利用では、屋根の下地材、畳床、襖《ふすま》など建築材、油吸着剤、マット、住宅遮音建材といった製品にも再利用され、まさに紙はむだにならない再生資源である。

電池のリサイクル

電池の種類

カメラ、電卓、時計、OA機器、おもちゃなど広範囲に使用されるのが、電池。動かすための必需品である。

電池には乾電池（使い切るタイプ）、蓄電池（繰り返し使うタイプ）と太陽電池などその他の電池がある。

さらに細かく分類すると、乾電池にはマンガン電池、アルカリ電池、二酸化マンガン電池、水銀電池、空気電池、酸化銀電池、リチウム電池がある。一九八三年、使用済み乾電池の廃棄によりゴミ処理場から水銀汚染が問題となったことがあり、研究の結果、一九九二年にはマンガン・アルカリ電池では水銀0が製造されるようになった。しかし、電池によっては水銀含有の止むを得ないものもあり、廃棄後の処理が難しくなっているのが現状である。しかもボタン電池のように形態が小形化しているので、分別回収時点から困難が生じている。これについては、購入者が、水銀含有の有無を購入に確かめ、使用後は分別して確実にリサイクルにのせる必要があろう。

成功した乾電池リサイクル

近年、乾電池は、そのリサイクルに成功した。それまでの乾電池リサイクルを阻んでいたのは、乾電池の主成分であるマンガンと亜鉛の分離、精製ができなかったことにあった。ここにきてその技術が完成したという。その結果、乾電池リサイクルはスムーズに循環することとなったわけである。ただ、このリサイクルには経費が非常にかかることから、乾電池リサイクル費用は、すべて持込み者側の負担となっている。

乾電池のリサイクルをみる。乾電池は自治体、販売店、メーカーなどで回収される。その後北海道にある指定処理工場に運ばれ、処理が施される。そのシステムは、水銀が含まれるものはまず水銀を、つぎに鉄分が分離され、マンガン、亜鉛が最後に分離される仕組みとなっている。

手順は、乾電池を種類別に分け、必要な種類ではケースが取り除かれる。つぎに培焼炉という回転式の炉の中で乾電池を熱し、ここで水銀をガス化させ、ガス化した水銀は凝縮装置で冷却され、粗水銀として回収される。この凝縮装置では薬品や集塵機が使われ、ガス化するときに生ずる水銀以外やプラスチックによる有害物質を除去している。回収された粗水銀での販売はできないので、それは蒸留され、純度の高い水銀として体重計、蛍光管メーカーに売り渡される。水銀回収後は、鉄分が鉄屑として回収され、最後にマンガン、亜鉛が粉末として回収される。

技術的に回収可能となったマンガン・亜鉛は、テレビのブラウン管、変圧器、コンピュータなどの電気製品に欠かせない磁性材料（フェライト）の原料組成であることがわかったのがきっかけだったという。乾電池からリサイクルされる原料が使用されれば価格が安くなるので、積極的にフェライトのトップメーカーとともにリサイクル開発を進めたそうだ。その結果、リサイクルに成功し、マンガン・亜鉛の粉末は加工されてリサイクル材料として電子部品メーカーに販売されることとなった。

蓄電池の増加と新しい問題—ニカド電池の毒性

もう一つの電池が繰り返し使用ができる蓄電池。ヘッドホンステレオ、コードレス電話、ビデオムービー、ワープロ、パソコン、携帯電話などに使用されている。近年、これらの機械類の生産量が増加するに従い、蓄電池も生産量をぐんと伸ばしている。

例えば、携帯電話は目を見張るほどの生産量で、一九九五年では前年の九四・二％増の一、〇五七万台の生産量となっている。

特にこれらに使用される蓄電池の主流は、ニカド電池で、輸出を含め、一九九七年には八億一、〇〇〇万個にも上る生産がされている。この電池はプラス極にニッケル、マイナス極にカドミウムが使用されており（それでニカド電池という）、問題となるのがカドミウムだ。これは、体内に摂取されると、吐気、痙攣を起こし、過去に富山県神岡鉱山によるイタイイタイ病の原因ともなった猛毒性の重金属である。

ところが、使用する私たちには、ニカド電池の認識がない。そのため、廃棄についても意識がないのが実情だ。これでは、製品ごと廃棄されると、猛毒性カドミウムの汚染となり、犠牲者が出ることもありうる。

現在、こうした問題が起こらないようニカド電池はリサイクル品として指定され、電池にマークが付けられ、判別ができるようになっている。ニカド電池と判明されたものは、回収を行うリサイクル協力店、販売店、電気機器メーカーに持ち込むことだ。むやみに電池だけ取り出して廃棄したり、機器ごと廃棄したりすることのないように。

回収されたニカド電池は、処理工場に運ばれ、回転式炉で熱せられ、ニッケルとカドミウムが回収され、ニッケルはステンレス材料として、カドミウムはニカド電池にリサイクルされ、再使用されている。

建築廃材のリサイクル

戦後の経済成長の進展に従い、人口増加と共に都市の住宅開発も進み、建築廃材のリサイクルも必要となってきた。それまで、環境問題が問われなかった一九七〇～八〇年代は、不法に投棄されたり、処理されずに埋め立てられたり焼却されたり、処分場管理がずさんだったりして、環境への汚染が問題となることが多かった。

さらに一九九九（平成十一）年には、埼玉県所沢市の産業廃棄物処分場からダイオキシンが発生し、農産物に対する安全性問題が日本全国の注目を浴びるなど、本格的廃材リサイクルへの取り組みが促される時代が到来してきたのである。

建築廃材は、産業界から排出される廃棄物で、私たちが排出する一般廃棄物とは別扱いとなる。これらの産業廃棄物を出す業種には、建設業、農業、電気・ガスなどの熱供給業、水道業、鉄鋼業などがある。一九九二（平成四）年の排出量は一般廃棄物量の約八倍の四億三〇〇万トンで、東京ドーム三三五杯分である。種類としては、汚泥、動物の糞尿、建築廃材などがある。このうち、建築廃材は七、六〇〇万トンで、東京ドーム四二杯分となった。その内訳は、公共土木三、九〇〇万トン、解体一、九〇〇万トン、新築・改築一、四〇〇万トン、民間土木五〇〇万トンである。

これらの建築廃材はこれまで排出量より処分場の方が多かったので、廃棄物処理を棚上げにしてきたが、近年では処分場の不足、環境汚染の表面化などからリサイクルへ歩みを急速に進めなければならなくなった。

2　リサイクル社会を目指す

江戸社会は完全リサイクル型

江戸時代を、いまの暮らしと比較すると、想像もできないほど、不便この上ない暮らしであったようだ。

どこへ行くにも歩き。駕籠があるにはあるが、それとても人間が徒歩や早足で担いで運ぶ。いまのように動力を使うことはない。

着るものは着物。これも植物を栽培し、蚕を養い、繊維として紡ぎ、織って生地にし、それを縫い、ようやく着物とする。これだけ手間ひまがかかった着物は、むやみに手放すことはできない。破れても、ていねいにその部分を刺し子にして繕って着た。

食べるものは、一汁一菜。一菜とは漬物くらいのものであった。漬物はもちろん野菜。これら野菜栽培に化学肥料などはない。太陽エネルギーと排泄物が肥料だ。食べた人たちの排泄物が使われた。排泄物には肥料として必要な窒素、リンが多く含まれている。それをさらに発酵させ、有機肥料としたわけだから、品質のよい野菜が育った。茄子、大根、かぶといったものだ。これらは肥料提供者である大名屋敷、長屋などに現物あるいは漬物として届けられた。提供者と利用者との物物交換の結果である。食生活内容は、いまの栄養学的にみると病気になりそうな内容であり、また視覚的にみてもおいしそうなものではない。しかし、廃棄物という点からみると、食べ残しはなく、食べた後の排泄物までも、しっかり処理されていた。

煮炊きするためのエネルギーである燃料は、薪や木炭であった。薪や木炭は樹木から作られる。これだけの江戸住民の燃料を満たすとなると相当量が必要である。しかし、それを武蔵野の平地林だけが供給したのである。

もともと開拓地としての武蔵野は作物を生産するには、地質がよくなかった。それを長い間かかり、クヌギ、コナラ、クリ、シイなどの樹木を植え、その樹木からの落ち葉を堆肥として土地に加えて地質を改良し、作物を生産した。始めは作物を生産するための土地改良剤としての植林であった。土地が改良され、作物が順調に生産されるようになると、樹木は薪や木炭として需要に応え、提供されるようになった。これが江戸住民の燃料である。多くの住民の需要に応えるには多くの燃料提供が必要であるが、農民はそうはしなかった。自分の樹木をしっかりと管理し、伐採時期を見据え、持続可能な方法で提供し続けたので、決して需要に応えられないということがなかった。

江戸の家庭に提供された薪や木炭は、おもに煮炊きに使用され、竈《かまど》で燃やされた。そして、燃えた後にできる灰も、さまざまな職業に利用されたのである。最も大きな利用先は灰がアルカリ性であることから、作物栽培用の肥料であった。特に江戸近郊で行われていた大根栽培に使用された。そのほか、酒造での麹菌増殖、製紙での不純物除去、製糸での不純物除去と繊維を柔軟にする、藍染染色での染色液作り、陶器での釉薬作り、そして家庭では洗剤として、灰はすべて利用された。

このように江戸社会で人々を動かしていたのは、おもに太陽エネルギーと二酸化炭素から生産された植物であり、その植物を食糧、衣類、燃料、住居として利用し、さらに使用後に生産される廃棄物や排泄物をも使用し、植物の生産率を高めていた。これが自然界のリサイクル環に組み込まれた人間社会のリサイクル環なのである。江戸に比較すれば、いまの社会はリサイクルではないことがわかる。

江戸から引き継いだ明治、大正時代のゴミ処理法

できるだけ再利用、残りは埋める

近代化を迎えた明治初期の都市ゴミは、江戸時代から引き継ぐように、再利用可能なものは、有価物として扱われた。紙屑、絹布、綿布、麻布、米藁、麦藁、朱塗り木具片、獣革片などである。これらを集める回収業者は民間によるもので、午前三時から午後十時まで回収に当たり、一日の収入は十四～十五銭であったという。また、生ゴミは肥料芥として回収され、これらはおもに農業用の肥料として使用された。そのほかにまったく利用価値のないものは捨てゴミとして埋め立てられた。

当時、こうした有価物回収はヨーロッパでも広く行われており、ニューヨークでは石炭の燃え殻、鉄、ブリキ、ぼろ、紙、袋地や麻ひも、真ちゅう、銅、亜鉛、鉛といったものが回収され、石炭の燃え殻は焼却炉の補助燃料、鉄は窓枠の重り、ぼろ、紙、袋地は製紙原料として再利用されていたようだ。

この時代、近代化を目指し、海外交流が盛んに行われ、技術も持ち込まれたが、一方では疫病やコレラも侵入したといわれる。それゆえゴミによる衛生上の問題がクローズアップされ、予防を目

的として、明治三十三年汚物掃除法が公布され、清掃事業は市町村に義務づけられることとなる。しかし、市町村は直接処理に当たることはなく、民間処理を委託としただけであった。また、この時、施行規則の中に、ゴミ焼却場を設置する指導内容が初めてみられたのである。

江戸時代の、再利用できるゴミは徹底してリサイクル利用し、利用不可能なゴミはやむをえず埋め立てるというゴミ利用の仕組みは、明治に入り、伝染病予防を目的とした生活衛生環境改善のために、埋立てから焼却へと積極的な変化が求められたわけである。

ゴミを焼却する時代に

日本での最初のゴミ焼却炉を設置したのは、福井県敦賀。一日十一・五トンの処理能力を持っていたという。また、明里では四・七トンの処理ができる焼却炉が建設された。続いて富山県石動、石川県金沢などに焼却炉が設置されていった。

大都市東京では、どのように焼却するかが決まっておらず、しかも埋立て地に恵まれていたこともあり、露天焼却後埋め立てるという方法がとられ、深川が埋立て地に当てられた。この埋立て法は、東京の伝統的ゴミ処理法といわれ、いまもなおその方法は引き継がれ、東京湾を埋め立てているのである。大正時代になっても、この方法は変わらず、業者により深川焼却場に集められ、有価物は回収、売却、肥料ゴミは農業に利用、捨てゴミは埋め立てられた。しかし、徐々に肥料ゴミより捨てゴミが増加する一方となり、東京市臨時汚物処分調査会が発足され、どのように処理するとよいかを検討することとなった。

検討内容としては、ゴミを乾留してガス、タールとして利用する法、肥料、電力に利用する法、燻《くん》炭肥料に利用する法、そして焼却する法であった。その結果、乾留して利用する方法が答申されたが、予算の関係から見送られた。その後、関東大震災が発生、その処理に重油による処理効果が認められ、東京市大崎に塵芥焼却場が建設された。

震災により棚上げになっていた汚物処分調査会の答申は再び検討されたが、再度予算不足を理由に、計画変更を余儀なくされた。その計画変更は、ゴミを資源として利用する方法からほとんどを焼却する方法へと変わり、江戸時代から利用してきたゴミの処理法は、その方向を大きく変えられたのである。

ゴミが複雑化する昭和時代の法制化

汚物掃除法から清掃法へ

汚物処分調査会が決定した低温低圧乾留処理法は、すでに昭和元年に着工していたが、計画変更により中止された。

とはいえ、東京市のゴミがすべて焼却されたわけではない。深川に建設された塵芥処理工場は選別式焼却法を採用した焼却場であった。有価物は変わらず業者により回収、選別され、厨芥ゴミも肥料として利用され、その他が焼却され、その処理分はゴミ全体の三分の一であったという。

その後、汚物掃除法が改正となり、すべてゴミの処理は焼却によることが義務付けられ、以後焼却による処理が行われるが、東京市では塵芥利用での養豚の実験をしたり、厨芥と雑芥の分別収集を始めたりと、昭和の初めではまだゴミ利用を中心としていたことがうかがえる。

第二次世界大戦が始まる前まで、ゴミからアルコールを製造してみる、ゴミ発電の実験をする、コンポスト、パルプ製品化するといった試みがなされ、実際に、深川塵芥処理工場では電気集塵機実験も開始された。ところが、第二次世界大戦に突入し、物資が不足し、繊維や金属はもちろん利用され、紙や木製品は燃料として使われることとなり、そのため、汚物掃除法は施行規則が一部改正されて、ゴミはいまのように可燃、不燃、厨芥の三分類で収集され、焼却義務が外されたのである。

そして、戦後まもなく、厚生省により清掃法案がつくられた。その理由に、処理量の四十五%を占める埋立て処分では数年後に用地が困難になる、塵芥処理方法としては焼却が望ましい、ゴミと屎《し》尿がいっしょの処理では、生活環境を清潔にするという趣旨ににそぐわないなどがあげられ、明治三十三年以来施行されてきた汚物掃除法が廃止され、昭和二十九年に清掃法が公布された。清掃法には国庫補助の条項が導入され、都道府県、市町村の処理責任が明確化された。

清掃法公布後、これまでゴミ処理場とされていた名称は清掃工場に改められた。

戦後の経済成長とゴミの質と量の変化

戦後のゴミに関する行政が整っていくことと並行し、経済活動も整備され成長していった。電化元年と呼ばれた昭和二十八年、三洋電気が国産初の噴流式洗濯機を発売。夏には家電各社が電気冷蔵庫を出した。昭和二十九年には明治製菓が缶ジュースを発売。瓶から缶へのジュース革命とまでいわれる。この時から割れない、持ち運びできるというキャッチフレーズの缶ジュースが定着していく。

現在家庭で、ない家はないといわれるほどその消費量が増大したラップは、昭和二十七年、旭化成とダウケミカルが技術提携して開発された。発売は昭和三十六年。昭和三十三年、一袋三十五円の即席ラーメン第一号が出て、この年だけで千三百万食が生産された。二年後の三十五年には同業者が続々登場し、一年間で一億五千万食も生産されるという大マーケットとなり、ゴミにもその影響が出てくるようになっていく。

ちなみに、日本初のセルフサービス店は昭和二十八年の東京青山の紀ノ國屋であるが、全国的にスーパーマーケットとして展開させたのは、昭和三十二年大阪千林に開店した主婦の店・ダイエー一号店である。

戦後は経済活動が活発になり、生活にもさまざまな製品が入り込み、それに伴い家庭から出されるゴミの量は増加し、ゴミ質も生ゴミ中心であったものが、紙類、金属類、ガラス類、プラスチック類などと大きく変化していく。

リサイクル社会を目指すことは

私たちが生活することは、この地球で生きることを意味している。といっても、自給自足の生活は難しい。いまの社会では、食糧、生活用品、エネルギーなどが作り出され、流通により運ばれ、店頭に並べられ、生活のために私達はそれらを選別、購入、消費、廃棄している。

現在の社会ではここまでの流れで止まっているのと同じである。この流れの社会が続いていくと、いずれ生産や流通のために資源を使いつくし、消費の後に残されるものは蓄積された廃棄物、ゴミ、大気や水や土壌の汚染物質だけとなる。資源がなくなり、汚染が進めば、生活そのものが成り立たなくなり、人類の生存も怪しくなる。もし、生存が可能だとしても、汚染された状態の中で生存しなければならない。

汚染物質の影響を少なくし、生命を維持し続けていくためには、これまでのような社会の仕組みを変換しなければならないわけである。

その変換がリサイクル社会であり、それは生産、流通、消費、廃棄、回収、再利用、再製品化および再資源化という社会の仕組みである。これは仕組みを作り上げるだけではなく、生産者、流通者、消費者が一体となり循環させなければ、いまの状態と同じである。

しかし、すべての製品や仕組みをリサイクル循環に乗せるのがよいかというと、そうともいえない。リサイクルすることでかえって汚染物質を発生させることがあるからだ。

リサイクル循環に乗るものは乗せ、乗らない、乗せると汚染を引き起こすなどは乗せないほうがよい。

リサイクル循環の四つの知恵（四 R）

そのためには、リサイクル循環四つの方法をうまく組み合わせることが必要だ。四つの方法とは、refuse, reduce, reuse, recycle である。

refuse とは、「辞退する、断る」という意味で、必要のないもの、購入しても使わないもの、代用できるものは辞退し、断る。

歩くことのできる距離で乗る自動車、持参すれば必要のないスーパーマーケットのレジ袋、デパートの包装紙や紙袋、むき出しでも買うのに困らない野菜やお菓子の包装、自分で掛ければ済む書籍カバーなど、止めたり断ったりすることができる。

これは生産の過程でも導入できる方法だ。例えば、冷蔵庫の場合、冷蔵、冷凍機能以外の、例えば自動製氷機能がなくても氷ができない、本来の機能が低下した、動かなくなるということではない。あれば便利だが、辞退、断る方向で製品化できる機能である。

reduce とは、「減らす、縮小する」という意味である。必要量を減らす、使用量を減らす、回数を減らす、容量を縮小する、所持量を縮小するなどである。

安価だからと野菜や肉を余計に買い込まずエネルギー、ゴミ廃棄量を減らす、洗濯回数を減らし使用水量を減らす、シャワーや入浴回数を減らし水使用量、エネルギー量を減少させる、掃除機使用回数を減らしエネルギー量を減少させる、容器や包装ゴミ廃棄量を減らし埋立て用地やエネルギー量を減少させる、家族はいっしょに暮らして住宅用地を減らし開発を減らす、衣類所持枚数を減らし原料、エネルギー量を減少させる、つきあいは気持ちを優先させ、儀礼的贈り物を減らし原材料、エネルギーを減少させる。

生産過程でいえば、例えば冷蔵庫の場合、冷蔵、冷却機能はより向上させるが、原材料、エネルギーを減少させる、消費エネルギー量を減らす、冷却構造を変化させ使用冷却剤量を減らす、梱包も簡易にし包装材量を減らすなどの手だてがある。

reuse は、再利用、再使用する意味である。一度購入し、使用、利用して傷んだり、破損したものをすぐに捨てるのではなく、修理して再度使用、利用したり、形を変化させて別の用途に利用したりする。

いま、古着屋はリサイクルショップと呼ばれ衣類の再使用のために販売されている。また、伝統的な骨董屋は、デザイン、型式、機能が古くなった製品を販売しているが、そうした古いものが面白いというので、最近では人気が高まっている。同じような販売店にディスカウントショップがある。まだ使用、利用できるがすでに使い古された製品を販売する店で、価格が非常に安いのが魅力である。さらに、江戸のように出張修理ではないが、家電製品、靴、傘、衣類、玩具、漆器、家具などの修理を行う店もある。

recycle は、元に戻す、再生させるという意味がある。使用不可能となった製品を最初の部品、パーツ、材料にまで戻す、使用済製品を再生させて同じ製品とすることである。そのためには、製品が生産者のところに回収されなければならない。それとともに、製品から部品、パーツ、材料にまで戻す技術がなければ recycle は成立しないのである。主要な製品が recycle できるようになると、ある程度の材料使用だけで循環していくことができる。

このようにリサイクル社会がうまく回転することで、資源の有効利用ができ、環境が保全され、自然界の循環が円滑となり、結果的に、自然界に人間が生存し続けられるのである。

3　自然界へ廃棄する

廃棄により引き起こされた自然界の汚染

日本におけるゴミ廃棄量が年々増加していく背景には、膨らみ過ぎた消費社会がある。それは、言い換えるとこれまで、より快適な、便利な、手軽な、生活を求めてきた社会であったともいえる。もちろん、昨日より明日へ、生活をより良くしようという志向は、進歩のためには必要である。しかし、それは自然界に組み込まれていなければならない。

ところが、生活の後始末ともいうべき廃棄は後回しにしてきた。確かに生活は快適に、便利に、手軽になったが、後回しにした廃棄物が私たちに問題を突きつける結果となった。

問題とは、今後も共生する自然環境が壊されるという問題である。具体的には、廃棄により引き起こされた物質によるオゾン層破壊、大気汚染、ダイオキシン汚染、水質汚染、土壌汚染、エネルギー廃棄物による汚染などである。問題となるのは、汚染が必ず自然界に影響を及ぼし、最終的には生物である人間に返ってくることである。それはどのような形で返ってくるのかはわからない。気象面、経済面、人口面、食糧面、健康面などのあらゆる面から影響を受けることとなり、終には生物の存続が不可能となることも想像できる。

これらの汚染は暮らしに直結しているだけに、いまや一人一人の生活から廃棄された物質が自然界を汚染しているといっても過言ではない。廃棄物質により引き起こされた各種問題が生活とどのように関係しているかを明らかにしておくことは、これからの生活を考えるうえで大切なことである。また、一人一人の自然環境破壊問題への自覚がなければ、この問題は解決の糸口すら見つからない。そこで生活から発する汚染問題を整理しておく。

オゾン層破壊

地球を覆っている大気は、一、〇〇〇キロメートルもの厚さがあり、大気量の四分の三が高さ一〇キロメートルまでのところにある。大気の成分は、水分を除くと窒素（N）が七八％、酸素（O）が二一％となり、他は微量で微量気体と呼ばれている。一〇キロメートルから四〇キロメートルにかけ、オゾン層と呼ばれる気体で覆われている。オゾン層は、太陽から放出される波長の短い電磁波をほとんど吸収し、生物にとって好ましくない電磁波である紫外線の影響を、地上の生物は受けることがなかったわけである。

このオゾン層がいまや破壊され、生物に影響をもたらす波長の短い電磁波、紫外線が地球上に到達している。この電磁波は強いエネルギーを持つため、皮膚へのガン細胞が発生するといわれている。

オゾン層破壊物質はフロンガス。一九三〇年代に初めて人工的に作り出された物質で、冷媒機能に優れていることから、さまざまな製品に使用されてきた。エアコン、冷蔵庫、マットレスやソファーなどのウレタンの発泡剤、パソコンやワープロなどの精密機械の部品洗浄などにも使用されてきた。

こうした製品が廃棄されたり、部品を製品化したときにフロンガスは発生する。フロンガスがオゾン層を破壊するメカニズムはつぎのようである。

フロンはクロロフルオロカーボン（ＣＦＣ）という塩素を持つ物質で、大気に放出されたフロンは紫外線エネルギーで分解し、塩素原子が生ずる。塩素原子がオゾン分子の酸素と結びつき、一酸化塩素と酸素ができ、一酸化塩素は大気中にある酸素原子と結びつき、塩素原子と酸素となる。塩素原子は再びオゾン分子と結びつき、反応を繰り返す。一個のフロン分子は数万個のオゾン分子を破壊することになる。その結果、地球を覆っているオゾン層は破壊され、ある一部分のみ穴が開き、地上に紫外線が到達することになる。一九八七年モントリオール会議でフロン製造、使用を禁止する採択をしたが、それまでに七〇万トンを排出しており、今後一〇〇年間にわたり、大気中に残存し、オゾン層が破壊されると予測されている。

大気汚染

地球を覆うもう一種類の大気は温室効果ガスと呼ばれるものである。地球は太陽からエネルギーを受けているが、同じだけのエネルギーを宇宙空間へ放出している。地球から放出されるエネルギーは赤外線の形をとり大気中にある水蒸気、二酸化炭素などにより吸収されるが、一部は地表に向け再放射され地表の温度を高める役割を果している。

二酸化炭素の温室効果

この温室効果をもたらす気体はおもに二酸化炭素である。二酸化炭素は大気中に三五〇ｐｐｍしか含まれず、重量では約七五〇〇億トンである。

この二酸化炭素は、燃焼により排出される気体で、この気体が増加しすぎると、温室効果が高まり過ぎて、地球温暖化という現象となる。アメリカ海洋大気庁・マウナ・ロア観測所の調査では、一九七〇年代までは、大気中の二酸化炭素は年間平均〇・八ｐｐｍずつ増加していたが、近年では一・八ｐｐｍの割合で増加しているという。

このように二酸化炭素を増加させている原因の一つには、経済活動による自動車利用があげられる。

自動車の排出する二酸化炭素

自動車はまず生産工程で、直接、間接に燃料を燃焼する。一台生産するのに、平均八八四キログラムの二酸化炭素を排出する。そして、自動車を動かすのには燃料を燃焼するが、小型自動車一台当り、年間平均六四九キログラムが排出される。一九九五年では保有台数が六、六八五万台であるが、車の利用者が増加することは、結果として二酸化炭素の増加につながる。

公共交通が行き届かない地域は別だが、都市では電車、バス、地下鉄、路上電車などがあり、輸送に時間は多少かかるが、これらや船を利用したほうが、自動車を一人、二人で乗るよりも二酸化炭素の排出を少なくできる。

いま各メーカーでは、電気自動車、太陽エネルギー自動車など開発に必死であるが、温暖化が進むか、開発が早いか競争している状態である。

火力発電の排出する二酸化炭素

火力発電による石油、天然ガスなどの燃焼が地球温暖化の原因の一つにあげられる。一九九九年には原子力発電が、これらの化石燃料による発電より上回ったという。化石燃料による発電では、燃焼による二酸化炭素が排出されるので、原子力発電のほうがよいとの理由である。しかし、電力利用を生活の中で見直し、省エネルギーの徹底を行えば、発電量が減少し、二酸化炭素排出も減少する結果となる。発電源をどうするか、といったことも必要だが、無駄なエネルギー利用を減らす努力のほうが、温暖化回避への早道になることは間違いない。

生活で排出する二酸化炭素

生活での過剰な燃料使用も原因にあげられる。冷暖房、お湯や風呂を沸かす、炊事、洗濯のため、エネルギー源として燃料が燃焼される。使えば使うほど燃料は燃焼し、排出するのは二酸化炭素。生活での過剰使用が二酸化炭素排出につながり、事態を深刻化させている。

ダイオキシン汚染

ダイオキシンて何？—ダイオキシンとＰＣＢ

一般的に呼ばれるダイオキシンの正式名称は、ポリ塩化ダイベンゾダイオキシン。塩化というのは、塩素を持っている化学物質のことで、塩素のある有機化学物質のことを、有機塩素系化学物質と呼んでいる。この仲間には、ポリ塩化ビフェニール、いわゆるＰＣＢも含まれる。有機塩素系化学物質の中でも、最も毒性の強いものがダイオキシン、ダイベンゾフラン（ポリ塩化ダイベンゾフラン）、コプラナーＰＣＢなどで、これらを総称してダイオキシン類と呼んでいる。

ダイオキシンの言葉が最初に報告されたのは、一九五八（昭和三十三）年にドイツの学者が発表した極微量で動物が死ぬという毒性物質の報告である。その後、アメリカで若鶏が中毒死する事件が発生し、一九六六（昭和四十一）年、与えた飼料からダイオキシンが検出され、これが原因物質とされたのは十三年後だ。さらに、この名を一般的にしたのが、ベトナム戦争。枯葉作戦として使用された除草剤に混入していた。この時からダイオキシンは世界の人々が知るところとなったが、環境問題への身近な物質としては捉えられていない。

ダイベンゾフランもダイオキシンと同様に、動物実験により毒性が報告されたが、オランダの学者がPCBの毒性の変化が、PCBに含まれるダイベンゾフランの量によると報告。一九六八（昭和四十三）年に福岡県と長崎県を中心に発生したカネミ油症中毒事件の原因物質がPCBとされていたのを、一九七五（昭和五〇）年に高濃度のダイベンゾフランであると行政と大学合同の研究組織が発表し、この物質名が世に知られるところとなった。

コプラナーPCB

コプラナーPCBは、これまでよく知られたPCBの中でも強い毒性を持つ新しい化学物質だ。PCBは、一九三〇（昭和五）年にアメリカで生産が始まり、トランスやコンデンサーなどの電気機器、熱媒体、ペイント、潤滑油、プラスチック添加剤など広範囲に使用された。一九六六（昭和四十一）年にスウェーデンでPCBによる環境汚染が報告され、社会的な大問題となり、続いて日本でも先程のカネミ油症中毒事件のこともあり、一九七二（昭和四十七）年に製造、使用が禁止された。ところが，ダイベンゾフランを研究していた学者より，PCBより毒性の強いコプラナーPCBが発見され，強い毒性を持つ塩素が含まれ，構造的に類似しているなどからダイオキシン類の仲間に入れられるようになった。

ダイオキシンの毒性—ダイオキシンは体にどんな影響を与えるのか

ダイオキシン類には，二〇〇種類もの仲間があり，最も毒性の強いものが，2，3，7，8—ダイオキシンであり，その毒性の違いは塩素が結合している位置と数によるという。

ダイオキシンは毒性の強い物質であるが，この化学物質は体内に入ると，直接酵素や遺伝子に作用するのではないことがわかっている。体内において，ホルモンは微量でありながら，きわめて重要な生理作用を支配し，体の健康を維持する働きを持つ。ホルモンが正常に働きをするためには，細胞内にあるリセプターを介して細胞を刺激し，その細胞の働きを活発化させる。

ダイオキシンは，そのホルモンと同じようなメカニズムで細胞に作用するため，その結果，体内にある化学物質を代謝する各種の酵素の働きが強くなったり，細胞の増殖や分化にかかわるさまざまな成長因子やホルモンの濃度に変化が生じたりして，最終的にはガン，奇形，免疫力や抵抗力の低下，精神的な発達，性的な発育が抑さえられるといったことが生ずるのである。

このように体に悪影響のあるダイオキシン類の性質は，水に溶けにくく，油に溶けやすい。一度体内に摂取されると，排出が非常に難しく，大部分は脂肪組織などに蓄積され，体内脂肪で悪影響を与えていく。

ダイオキシンはゴミの焼却で発生する

ゴミ焼却処理場での燃焼過程での発生源は、燃え殻、飛散灰、煙突からの排出ガスが主となる。そのうち、燃え殻、飛散灰は最終的に埋立て処分されるので、排出ガスがゴミ焼却処理場からの発生源といえる。ただし、焼却炉の型式や運転状態によっても発生源は変化する。

日本で生成するダイオキシン類の八〇%以上は、ゴミ焼却処理場からの排出ガス、灰に含まれているが、そのほかに、金属、有機化合物などの燃焼過程、漂白過程、農薬製造過程、医療廃棄物燃焼過程、下水汚泥焼却過程、自動車の排気ガス、木材や廃材の焼却過程などからの発生があると推定されている。ダイオキシン類の発生量は、年間で約五キログラムといわれるが、その九〇%が燃焼により、非意図的に生成されるというわけだ。といっても燃焼させる物質を廃棄するのは、人である。結果的には人間がダイオキシン類を生成しているといえる。

発生したダイオキシン類は、大気中に排出され、土壌、河川、海水、湖沼などに移動し、そうした環境で棲息する動植物に取り込まれ、それは食べ物として、最後には私たちの体内に摂取されることとなる。最もダイオキシン類を多く取り込んでいたのは魚貝類であるとの報告がある。私たちは水を初め、多くの食品からダイオキシン類を摂取しているといわれ、その摂取は八〇~九〇%が食品からといわれている。

ダイオキシン発生の機序はまだ不明

ダイオキシン類発生のはっきりとしたメカニズムは解明されていないのが実情だが、燃焼によることだけはわかっている。中でも塩素を含む物質が発生に作用するのではないかといわれる。有機塩素系、無機塩素系などで、それに飛散灰中の銅や鉄などの金属触媒が関与するのではないかといわれ、塩化カリウム、塩化ナトリウム、塩化銅、塩化鉄、塩化水素ガス、塩素ガス、ジクロロメタン、クロロベンゼン、クロロフェノール、塩素ビニルのプラスチックなど、あらゆる塩素供給形態があげられるという。

それは、食塩を含むしょうゆ、みそ汁、惣菜にまで及び、どれがダイオキシン類を生成している物質となるかははっきりとしているわけではない。

つまり、焼却でなければ、ゴミが処理できないとすれば、焼却と隣合わせのダイオキシン類発生の危険はゴミ減量で回避するしかない。

水　質　汚　染

合成洗剤による川の汚染―ＡＢＳ

水質汚染が日本で注目されたのは、一九六一（昭和三十六）年、多摩川で川の水が発泡したことが最初である。洗濯用洗剤の界面活性剤成分のＡＢＳ（アルキルベンゼン・スルホン酸ナトリウムが正式名称）が原因とされた。

合成洗剤の原型ができたのは、一八三四年。オリーブ油、ひまし油を硫酸化したロート油から作られたもので、染色工場で石けんを使用した後の石けんかすによる織りむらを除去するのに使用されたという。一九七一年、ドイツでは石炭合成化学の発達により、アルキルナフタレン・スルホン酸ナトリウムを石けんの代替品として実用化している。

一九二八年、ドイツのベーメ社は油脂を高圧還元して得られた高級アルコールからアルキル硫酸エステルナトリウムを製造し、いまの高級アルコール系合成洗剤を開発した。この洗剤は絹、毛糸用の洗剤として使用された。一九三三年、ドイツのI・G社は石油系合成洗剤のABSを開発、その後、アメリカのプロクター・アンド・ギャンブル社が商品化に成功し、生産を始めた。

第二次世界大戦前まで主流であった石けんは、戦後姿を消し、石油系合成洗剤が市場を独占していく。そのような中で、ABS発泡による水質汚染問題が発生する。これはABSの持つ化学構造が自然中で分解されにくいことから生じた結果であった。

このABSの発泡問題は、日本だけではなく、世界各地で発生し、界面活性剤の改良がなされ、一九五八年にイギリス、ドイツでは一九六一年、アメリカでも一九六三年にはメーカーの自主規制により成分変更が行われた。日本では一九七〇年に変更が実施された。

こうした洗剤の微生物分解性問題が水質汚染の始まりであった。一九〇〇年代初期に生産された石鹼も、ある意味では合成洗剤ではあるが、動植物の油脂とカセイソーダから作られるもので、それは微生物分解性のよいものであり、環境への問題もなかった。といっても、当時の生産量、使用量であったから、自然界は完全に消化できた。いま、石鹼を合成洗剤と同じ量使用し、廃棄したとしたら、自然界が環境への変化を生ずることなしに、消化することができるか、疑問である。

富栄養化問題

それ以後の水質汚染は、一九七〇年代の富栄養化問題だ。これは合成洗剤の成分に含まれるリン酸塩が、河川、海、湖沼に流れ込むと、水中の植物性プランクトンが爆発的に増加し、水中生態系が変化するという問題である。プランクトンによる赤潮の発生も問題となった。この問題もシカゴ、ニューヨーク州、ミネソタ州、インディアナ州、カナダ、ヨーロッパなど各地で起こり、一九七一年から低リン化、無リン化の規制が行われた。

一九七九（昭和五十四）年、日本でも滋賀県琵琶湖における富栄養化の防止に関する条例が施行され、茨城県霞ヶ浦でも条例が規定された。

これで水質汚染問題が終了したわけではない。産業廃棄物処分場から流れ出した有害物質による汚染、ゴミ埋立て処分場からの汚染、精密機械部品洗浄液排出による汚染など、合成洗剤だけではない。さまざまな水質汚染がつぎつぎに表面化してきた。

環境ホルモン―外因性内分泌攪乱化学物質

さらに、一九九八（平成十）年、大きくクローズアップされたのが外因性内分泌攪乱化学物質による水質汚染の影響である。「外因性内分泌攪乱化学物質」という聞き慣れない言葉は、「環境ホルモン」と呼び変えられると同時に、この問題はすぐに人々の関心事となった。

環境ホルモンの中には、ダイオキシンも含まれており、必ずしも水質汚染だけを問題にしたものではないが、環境ホルモン研究の最初の報告が、男性の精子濃度と精液に関するものであり、精子数は半減し、精液量も減少したと、環境ホルモンと称される化学物質と生殖機能、免疫機能への影響が報告された。こうした報告で、研究は生殖機能に関して実施されており、その実施は野生生物の精子研究が主になっていることから、水質汚染とも関係があると思われる。また、取り上げられた環境ホルモンのおもな化学物質が殺菌剤、除草剤、殺虫剤、船底塗料、漁網防腐剤、界面活性剤、プラスチック可塑剤といった水中に影響のある化学物質が多くを占めていることにもよる。

しかし、現段階では、外因性内分泌攪乱化学物質の特定、スクリーニング、研究方法の確立がほとんどなされておらず、まだ研究は始まったばかりの段階であるといってよい。だが、早急に研究は進めなければならず、環境庁においては、各国の研究者などを通じ、国内研究活動への支援、専門家会合への研究者派遣などを実施して、この問題につき各種調査・研究を進めていく方針を取りまとめている。

これらの環境ホルモン化学物質として知られている代表的物質は、残留性有機汚染物質と呼ばれるものである。一九八〇年代になり、国際社会で取り上げられた。ヨーロッパで北海担当大臣によ る国際会議がもたれ、そこで、海洋生態系に一定のダメージが引き起こされているとみられる場合、たとえ因果関係に十分な科学的根拠がなくとも、難分解性、毒性を持ち、生物濃縮性のある汚染物質は削除すべきであるという考え方が宣言されたのである。この時から、難分解性、毒性、生物濃縮性という性質を持つ化学物質は残留性汚染物質として認められたのである。それ以後、一九九〇年代に入り、各種の残留性有機汚染物質が研究で明らかになり、報告されて、国際的地球環境課題として認識された。中にはダイオキシンのように、ゴミ廃棄に関する問題も含まれている。

そのほか、生活から排出される生活排水や化学物質による汚染物質が水質汚染を引き起こしている。例えば、生活排水として排出され、食べ物の残りであるみそ汁、残飯、廃油、米のとぎ汁、ゆで汁などは、有機物として排出される。これらの分解は下水処理場で行われるが、ここでの処理も水質汚染から見て、完璧というわけではなく、汚れの残った状態で河川に放流される。しかも、下水処理場のないところでは、なんの処理もされないまま河川に放流されるので、汚染はもっと進んでいる。

生活排水だけでなく、工場、ゴルフ場、廃棄物処理場、埋立て処理場、農地、酪農地などからも汚染有機物や化学物質が排出され、河川が汚れる。

それと生活で殺虫剤、防虫剤、漂白剤などの化学物質が使用される。これらを使用することで、大気中から河川、地下水などに移動し、さらに水生生物に移動して影響を与えることが考えられる。

このように、化学物質を間接的に使用したり、あるいは直接的に使用することにより、排出された化学物質は水を通して移動し、結果的には排出した私たちに影響が戻ることとなる。

土壌汚染

北海道の農家の方の話を、一九九一（平成三）年にじかに聞いた。彼は長年、世界で収穫量一位のビート生産に携わってきた。世界一の収穫量にするためには、農薬、化学肥料などを多量に使用してきた。そのため、土壌が本来持っているべき活力がなくなり、常時化学物質に頼らざるをえない生産となってしまったという。収穫量を上げるためには、さらに化学物質の量を増加させることになり、それは悪循環となっているとのことであった。

彼は、これからも農業を存続させるためには土壌を改良していかなければ収穫はありえないと考え、改良に乗り出した。それは、牛が排泄する尿を収集して分解し、不純物を除去した後、農地に散布し、土壌改良をしていくという方法であった。

日本の食事情が輸出国の食料生産を変える

戦後、日本は食生活を充実させるべく、経済活動に専念してきた。一九七五年以来それは、食の外部化、外食化、個食化という形で充実をみてきた。外部化というのは、調理済み食品、レトルト食品、インスタント食品、冷凍食品で、家庭で食べ物から調理するのではなく、これらの食品を利用し、手早く、簡単に食卓が整えられ、時間が有効に利用できる。外食化は、ファーストフード、ファミリーレストラン、回転寿司などで、いままでのレストランとは違い、価格の安さ、手軽さが受けている。図11にその推移を示す。

また、家族それぞれの時間使用形態が変化し、食事も家族いっしょというより一人で食べる、いわゆる個食化の傾向も強まっている。

この食周辺の変化を背景に、いままでの食糧だけではなく、新種の食糧を輸入することとなった。それは引いては、輸出国の土地を変化させることになる。

日本の食生活は食糧輸入により達成され、輸入量は増加した。この輸入食糧を生産するためには、一、二〇〇万ヘクタールの農地が必要である。日本国内の農地は五〇〇万ヘクタールしかない。その約二・四倍の世界の土地を使用している。

土壌汚染の問題は単に日本国内だけのことではなく、いまや日本が世界的に汚染を広げている問題なのである。拍車をかけた日本の経済成長は、国内の食糧生産だけに止まらず、世界の食糧生産にまで工業化を強いているのではないか。土壌汚染をそのままに、さらなる汚染路線を引きながら、食糧を輸入する日本。汚染された土壌がもとに戻る保証はいまだ見つからないというわけである。

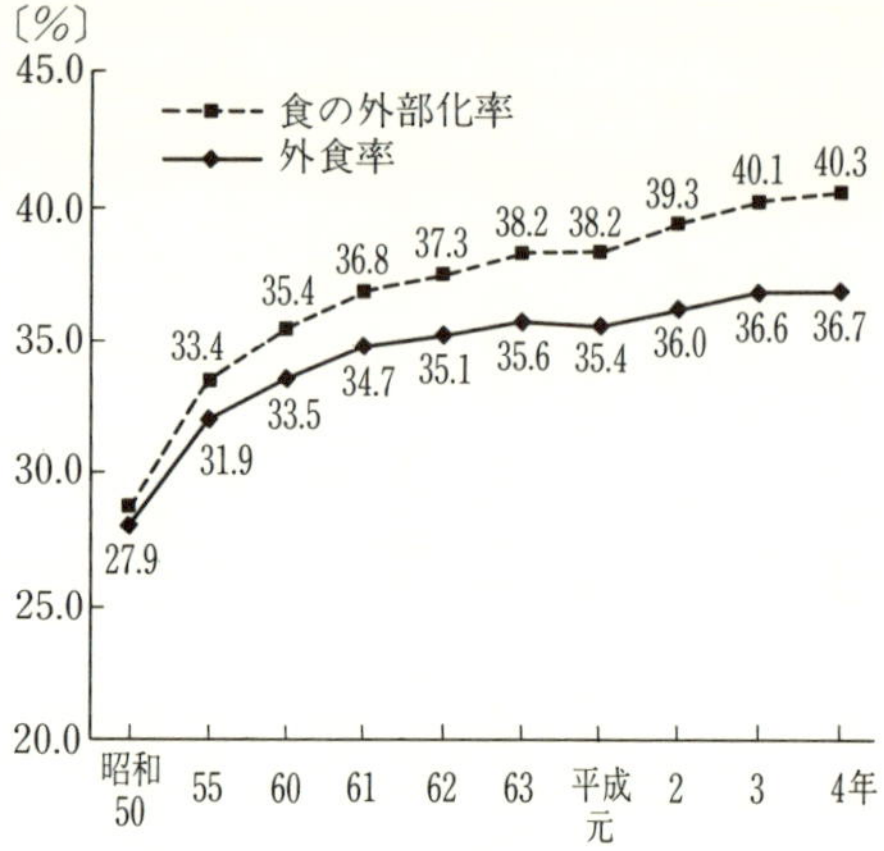

図11　外食率および食の外部化率の推移

注1：外食率＝外食産業市場規模/〔(家計の食料・飲料・煙草支出－煙草販売額)＋外食産業市場規模〕
注2：食の外部化率＝(外食産業市場規模＋料理品小売)/〔(家計の食料・飲料・煙草支出－煙草販売額)＋外食産業市場規模〕
〔環境庁：1996年版　環境白書より〕
(資料) 国民経済計算報告（経済企画庁），外食産業市場規模（(財)外食産業総合調査研究センター），家計調査年報（総務庁）

エネルギー廃棄物による汚染

いま、家庭で使用されるエネルギーは、安心、手軽さの面から電気が多いが、ほかに都市ガス(原料はおもに液化天然ガス)、液化石油ガス、灯油、石炭などの資源がエネルギーとして使用されている。

この中で、石炭はいまほとんど使用されていない。消費では、図12に示すように、圧倒的に電気が多く三一・七%、次いで灯油二六・九%、都市ガス二六・七%、液化石油ガス一四・七%となっている。家庭で暖房、冷房、調理、風呂などに使用されるエネルギーは直接エネルギーという。一世帯で年間一〇ギガカロリー(一ギガカロリーは1×10^6キロカロリー・一〇〇Wは八六キロカロリー)

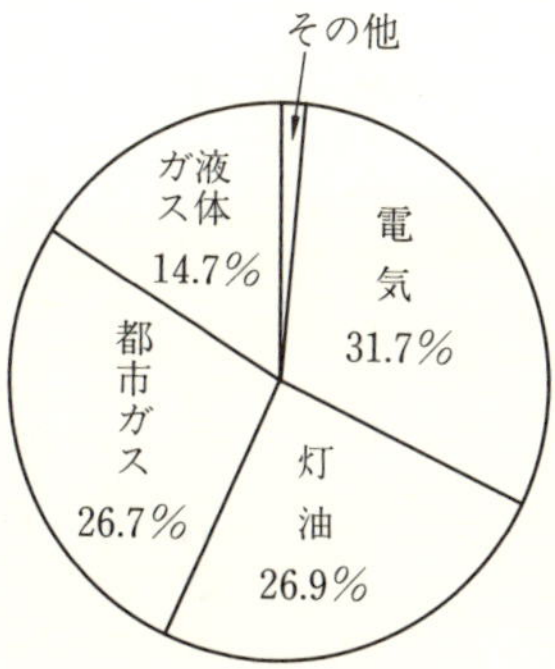

図12　家庭で使用するエネルギー

が消費される。また、家庭で使用する製品は、製品化までにエネルギーが使われており、そのエネルギーも製品が購入される家庭エネルギーとして計算される。これが間接エネルギーである。これまで間接エネルギーは生産者しか知らなかった数字であるが、使用する製品が家庭用であるので、これも含めエネルギーとする考えが登場した。

家庭で使うエネルギー―ライフサイクルエネルギー

直接・間接エネルギーを合わせて、家庭で使用するエネルギーをライフサイクル・エネルギーという。家庭生活での使用エネルギーは、全エネルギーの約三〇％にも上ることがわかった。

ところで、直接エネルギーは年間一〇ギガカロリーであるが、間接エネルギーは計算が難しい。例えば食生活。トマト一キログラムを生産するのに、露地栽培では、一、一六七キロカロリーであるが、ハウス栽培は四、二四一キロカロリーである。食生活で使用している間接エネルギーは、一人年間石油量に換算すると、一三〇ℓになる。

同様にして生活全体での直接・間接エネルギーを食生活だけでなく、医療にかかるもの、娯楽にかかるもの、情報、交通、自家用車などの一切を合算したライフサイクル・エネルギーを、ある家庭を例に計算してみると、年間、原油四、七一八ℓが必要である。一日一三ℓ、一人一日三ℓを消費していることになる。一九九〇年度を対象に、直接エネルギー五七・七％、間接エネルギー四二・三％の割合で計算されたわけだが、一九九七年度では一人一日三・三ℓの消費で、〇・三ℓ増加している。

このように、家庭で利用の多い電気エネルギーの消費は年々増加しているが、その供給源からみると、火力、原子力、水力である。火力は液化石油ガス、石油、石炭であり、その中でも大きく占める供給源は石油と原子力である。

二つの供給源とリスク—石油と原子力

供給源を石油とするエネルギーは基本的には炭素あるいは炭化水素が酸素と結合することによって燃焼するエネルギーを利用するわけで、化学結合による蓄えられたエネルギーである。一方、原子力は核反応という形で原子の内側に潜んでいる核のエネルギーを利用したエネルギーである。いずれの供給源を使用するにしても、生産の視点からみると、リスクが大きいといえる。

その一つは供給源である石油を化学結合させるためには、燃焼させる必要があり、この燃焼後の二酸化炭素ガスによる地球温暖化の問題がある。

それと燃焼することで排出する熱も温暖化にかかわる。燃焼量が増加すれば、それによる廃熱量も増加する。この廃熱で一部の地域の温度が上昇することは、温暖化につながることとなる。温室効果ガスに包まれている場所をこれ以上廃熱を排出して温度を上げてはいけない。

最近ではコジェネレーション（廃熱を利用して給湯や冷暖房を行うシステム）、熱のカスケード利用（高い温度の熱を段階的にいろいろな用途に使う方式）など、なるべく廃熱も逃さないように利用する方法が考えられるようになってきた。

一方原子力のリスクは、まず第一に放射性廃棄物の処理の問題がある。現在、日本の原子力設備で稼働している容量は、四、五〇〇万キロワットで、五二基あるが、そこから排出される廃棄物の処理については問題が山積している。

最も問題なのは、原子力発電所から排出される高レベル廃棄物。使用済み燃料を再処理工場に運び、化学処理してプルトニウムと燃え残りのウランと灰に分ける。この灰の集まった廃液はガラスで固められる。原子力を使用すればするほどガラスの固りは溜まっていく。再処理されたプルトニウムも非常にやっかいなもので、使用法は確立されていないため、廃棄物となる可能性もある。

このような廃棄物は非常に高い放射能を持ったもので、最終処分は高レベル廃棄物を容器に納め、地層中五〇〇～一、〇〇〇メートルに埋めるというものであるが、それは埋立てから放射能が漏れないという保障はない。これから先、土壌汚染が起こらないという確証は誰にも持てないのである。

さらに事故の危険性がある。いま稼働している原子力発電所は老朽化が進んでいる。いつ事故を起こすかもしれないし、その影響は計り知れないものがある。もちろん、その影響は地球規模のものであろう。

自然界へ廃棄するルール

廃棄物処理法

社会活動や家庭生活を営むことにより、必ず排出されるのが廃棄物である。これまで廃棄物は活動や生活の後始末の中で処理されてきたわけだが、経済活動が活発化するに従い、また、家庭生活が大きく変化するに従い、廃棄物は量的に増加し、質的にも大きく変化することとなった。それで、いままでのような処理をしていたのでは、遅かれ早かれ、自然界での汚染が進行し、その結末についての予測は、これまでに述べたとおりである。

こうした汚染は現実に発生しているのであり、これ以上深刻にさせないためには、自然界へ廃棄するためのなんらかのルールが必要であった。そのルールは、一九七〇年に制定された「廃棄物の処理及び清掃に関する法律」（廃棄物処理法）だったのだが、これでは、廃棄物を処理するだけで、廃棄物に含まれる有害物質の処理、廃棄物処分場不足の問題、廃棄物の有効利用には対処することができず、法改正の必要に迫られた。

一九九一（平成三）年に廃棄物処理法が大きく改正された。改正のおもな目的は、廃棄物の抑制、廃棄物減量、適正分別、再生資源利用などである。これは、廃棄物を単に廃棄するだけという考えから、廃棄物をできるだけ排出しないような社会の仕組み、排出された廃棄物を適正に処理したり、再生資源として有効利用する考え方に方針が変更されたのである。

また、これまで廃棄物の区分けは、一般廃棄物、産業廃棄物という処理の仕方による区分けであったが、事業活動から発生する廃棄物でも、量的、質的に環境汚染の要因となる可能性を持つ廃棄物については、事業者みずからが産業廃棄物として処理しなければならないといった、発生源による区分けとなった。

重金属が含まれたり、感染症の恐れのある廃棄物については、さらに厳重に他の廃棄物と区別され、特別管理廃棄物とされた。これには燃えやすい廃油、廃酸、廃ＰＣＢ、ＰＣＢ汚染物などが含まれる。一般廃棄物の中にも特別管理廃棄物に含まれるものもある。廃エアコン、廃テレビなどＰＣＢが含まれる部品を使用したものなどは、特別に管理処理されるわけである。

こうして、廃棄物は単に処理する体制から、発生源を抑制し、減量化するとともに廃棄物利用を指向して処理する体制へと整備されていったのである。

しかし、社会活動や家庭生活での後始末をいくら整えても、問題となるのは、その経済活動、生活向上活動である。それについて、この法律では、国民、事業者、国と地方自治体に一定の義務を担わせている。

増加する廃棄物発生の送り手である事業者、受け手の生活者（国民）という根幹で責任と自覚を促すという役割を持たせた。つまり、生産、流通、消費という経済行動を、それぞれの立場で問い直すというわけである。

事業者の責任

事業者（企業）については、事業活動により発生させた廃棄物は自らの責任において適正に処理しなければならないとしている。また、事業活動により生じた廃棄物の再生を行うことによって、廃棄物の減量化に努めるよう促している。言い換えると、生産者では、長期耐用製品とする、修理容易製品とする、再生容易商品とする、処理容易製品とするといったことを推し進め、流通業者では過剰包装を抑制する、リサイクル容器・包装を積極的に進める、広告宣伝を控えるなどを捉している。

廃棄物の視点からは、この方針は積極的であるが、一方経済効率といった点からは、必ずしもすんなりとは受け入れられることではないが、見方を変えると新しいビジネスチャンスの方向が示されたものであろう。

地方自治体の活動と責任

地方自治体（市町村）については、これまで廃棄物処理するだけに徹していたところがあったが、処理計画を立て生活環境の保全に支障が起こらないように単独または市町村が協力してゴミ焼却施設、破砕施設、再生利用施設、最終処分場を計画的に設置することとしている。これは産業廃棄物についても同様である。そして、廃棄物減量化のために住民の自主的活動を促進する役割、事業者への再生商品化を促進する責任も担っている。

市町村では、積極的に地域住民、事業者との廃棄物減量化を図る役割が担われている。地方自治体（都道府県）では、産業廃棄物処理計画策定、産業廃棄物が適正に処理されているかを指導する、一般廃棄物を処理する市町村の取りまとめをする役割を担っている。国としては、廃棄物処理に関する技術開発の推進を図り、市町村、都道府県の役割が十分に果たせるよう技術援助、財政的援助を担うこととなっている。さらに、事業者、国民の意識啓発を図る役割も盛り込まれている。

生活者一人一人の責任

生活者については、廃棄物の排出を抑制するように努力し、廃棄物排出に際しては分別の徹底、再生利用を行う、地方自治体への協力などの責任を持つ役割があるとしている。言い換えると、消費生活に計画性を持つ、購入を抑制する、長期耐用製品を購入する、回収やリサイクルへは積極的に参加し、分別徹底、再生利用を促進していく役割がある。

再生資源利用の促進に関する法律（リサイクル法）

廃棄物の処理に関する法律が徹底して発生抑制、廃棄物をリサイクルするという方針で改正されたわけだが、それより前に、生産、流通、消費の各立場において、資源をより有効に使用する考え方に立ち、資源再生を行い、廃棄物の発生を抑制し、環境の保全を促進する目的で一九九一年に制定されたのが、再生資源利用の促進に関する法律（リサイクル法）である。

この法律では、おもに再資源の利用を進めることが目的である。そのため、製品生産における原材料のリサイクル率の向上、リサイクルが容易な製品の開発と供給、生産現場から発生する副産物のリサイクル促進といったことが決められ、業種、製品を指定し、その必要性、有効性、実現可能性が考慮されたうえで、各事業者に対し、制令で定める判断基準に基づいて業界の自主努力を基本に、行政指導で取組みが求められている。

このリサイクル法は、あくまでも業界の自主努力によるものであり、努力しないからといって、罰則、責任が発生するわけではない。しかし、廃棄物発生は、生産されなければ生じないはずであるから、再資源の利用を促進するためには、業界の努力ではなく、責任においてリサイクルを進める必要がある。経済成長期にあっては、利益追求活動が広がることを目的とし、廃棄にある資源、廃棄にかかる費用などは顧みられないことであった。また、経済活動が停止状態のいま、逆に最低利益追求に精いっぱいで、廃棄物にある資源の採取、廃棄にかかる費用の捻出まで、一顧する余裕は到底ない状態となっている。

この閉塞状態を打破するには、製品化計画を徹底的に見直し、むだを徹底的に省く、資源有効利用しか道は残っていない。そのためには、業界自主努力ではなく、積極的な再生資源利用の促進を、事業者みずからが真剣に取り組まなければならない時にきている。

廃棄物処理法にある課題としては、長期耐用化、修理容易化、再生容易化、処理容易化、品質基準の再構築化といったことがあげられる。廃棄物処理法とリサイクル法とは、一体となる法律であり、これからの経済活動にとっても、必要な法律である。これらの法律を十分に理解し、事業者ごとに取り組んでいけば、再資源有効利用による廃棄物減量、費用軽減化ができるはずである。

自主努力を求められている四業種

自主努力が求められている業種は四つに分類される。

①再生資源の原材料としての利用を促進し、リサイクル率を高めることが求められている業種。

紙製造業―古紙の原料としての利用を促進する。

ガラス容器製造業―カレットとしての利用を促進する。

建設業―土砂、コンクリートの塊、アスファルト・コンクリートの塊を原材料として促進する。

②使用後に容易にリサイクルできるよう構造、材質を工夫することが求められている業種。

自動車、エアコン（ユニット型）、テレビ、冷蔵庫、洗濯機、ニカド電池を使用する電動工具、パソコン、コードレスフォンの業種である。

これらの業種に対しては、製品設計で処理容易化、再資源化を考慮した構造設計、組立てを事前評価する。そのうえで、材料、構造、分別の仕方を工夫する。修理業種に対しては、部品交換の仕方を工夫することが求められている。

③使用後に容易に分別できるよう識別する表示を行うことが求められている業種。飲料、酒類が入るスチール缶、アルミ缶、ペットボトル、ニカド電池などの製品を製造する業種である。

これらについては、その材質について識別しやすい表示がつけられることが求められている。表示の場所については、見やすい場所が義務づけられた。

④生産現場の工場から発生する副産物で、有効利用が促進されるような品質を工夫することが求められている業種。

高炉による製鉄・製鋼・製鋼圧延などの業種―ここから発生する鉄鋼スラグ

電気業―ここから発生する石炭灰

建設業―ここから発生する土砂、コンクリート塊、アスファルト・コンクリート塊、木材

リサイクル促進が求められた業種や指定製品生産業では、リサイクルを促進するための計画を作成し、品質規格の設定、仕様に応じた加工、設備整備、義務開発と向上に努め、自らの責任において、再生資源利用の促進をしていかなければならない。

流通および購入者においては、そうした努力を徹底している業種の生産者を正しく認識すること

により、その製品を評価し、そのリサイクル努力を購入に結びつけるように考えていかなければならない。生産者の努力は使用者が購入・使用して初めて実るわけであるから、購入者はけっして広告、宣伝、風評などに迷わされるのではなく、確かな判断基準を持って、製品および事業者をより吟味し、正しい評価を下さなければならない。

4　生活者のための廃棄ガイド

廃棄するにはコストがかかる

生活の後始末としてゴミは出される。このゴミには回収、処理、リサイクル、埋立てなどに当たり、費用がかかる。その費用をわかる範囲で出してみる。

ゴミ処理費用、一兆五、〇〇〇億円。一人当り約一万三〇〇〇円（一九九二年には一万四、〇〇〇円である。東京では一九九四年二万八、〇〇〇円）。

インスタント・ラーメンの容器、ペットボトルなどプラスチック容器類は、リサイクル処理費用の詳細は不明だが、再商品化委託単価は一トン当り一〇万一、七五五円と決められている。

ガラスビンのリサイクル費はガラスの種類、総排出量などにより違うが、無色ガラスは一トン

一、九八一円、茶色ガラス二、五一八円、その他の色は五、四九一円と再商品化委託単価が決まっている。

紙は最近の回収量増加から、処理しきれない状態が続いている。そこで古紙輸出の道があるが、アメリカ価格は一キログラム四円であるのに対し、日本のものは一キログラム一二～一三円である。

自動車は処理といっても解体後再資源となるので、有価物である。解体資源化には、一台につき一、五〇〇円～三万円がかかる。

冷蔵庫は処理再資源化が始まったばかりで費用面では不明。三、五〇〇～七、〇〇〇円はかかると推測される。

スチール缶、アルミ缶も有価物となり、一トン四、〇〇〇円の価格である。処理費用をかけても利益はあると推測できる。

衣類はリサイクルされるはずだが、そのリサイクル実態は循環していない。処理には一キログラム一三・五円がかかる。

このようにゴミ処理（一部処理ではなく、再商品化であるが）にはコストがかかっている。資源にできるゴミは可能な限りリサイクルして回し、最終廃棄物のみ処理するほうがよい。といってもこれも無料ではない。

いま私たちが排出しているゴミの一部（一九九二〜九六年調べ）を表1にあげておく。

これらは、生活者が出すゴミのほんの一部にしかすぎない。また、ここにあげたものはリサイクルできるゴミである。他のゴミはリサイクルすら目処のたたないもので、それらがゴミの大部分を

表1　ゴミの排出量

生活者が出すゴミ	排出量	
ゴミ排出量	1人1日	1 104 g
アルミ缶消費量	1人年間	127 缶
スチール缶消費量	1人年間	174 缶
インスタントラーメン容器消費量	1人年間	40 個
ペットボトル消費量	1人年間	約 4 本
ガラスビン消費量	1人年間	0.07 本
紙消費量	1人年間	230.7 kg
自動車廃棄量	1世帯年間	約 2 台
電池消費量	1人年間	19 個
衣類廃棄量	1人年間	30〜50 枚

（1992〜1996年 環境白書から筆者が計算した）

占めている。その処理費用がかかり、費用のほとんどが税金でまかなわれている。ゴミ量が増加すればするほど費用もかさむ。つまり公的な支出が増加する。ゴミが減量すれば支出を他に使用することもできるわけだ。同じ費用がかかるのであれば、それはリサイクルさせるための技術費用として利用したほうが有効ではないか。回収、運搬、燃焼、埋立てのためだけに公的費用が使用されるのは、納得しにくい。

廃棄量を減らす

日本全体のゴミ排出量は年間東京ドーム一三五杯分だ。一人一日一キログラムにもなる。その内訳は、厨芥類《ちゅうかい》（生ゴミと呼ばれている）二五三グラム、紙類一六一グラム、プラスチック類八〇グラム、繊維類二六グラム、ガラス類三三グラム、金属類一九グラム、ゴムや革五グラム、その他四七グラムとなっており、最も多いのが厨芥類だ。

厨芥ゴミには、購入したのに使用されずに廃棄に直行した食材も多いのではないだろうか。廃棄量を減らすには

1　必要のないものは購入しない

2　包装や容器は再生利用のもので最小限に包まれているものを購入する

3　購入したら忘れず、必ず使う
4　購入したら丸ごと残さず、いつまでも使う
5　廃棄する前にもう一度考える（食べる人はいないか、使う人はいないか、利用する人はいないか、ほんとうに食べられないか）

特に厨芥ゴミの排出量が多いのは、外食産業である。売れ残り、食べ残し、調理破損などにより排出量が増加する。

外食での廃棄量を減らすには、食べられる分だけ申し出る、仲間でシェアしあう、手をつけないときには申し出たり、持ち帰る、などで廃棄量を減らす。

厨芥ゴミは、調理するときに出る皮、種、へた、葉、内臓などと、食べた後の残り、食べられなくなってしまったものなどだ。これらは生産された場所が自然界であるから、ゴミは自然にリサイクルさせる。

土がある場合には、そのまま土に埋めることができるが、都市部では土に埋めるのは難しく、また土があっても不衛生になりがちである。

厨芥ゴミのリサイクル法

リサイクルさせる場合、土のある人は図13のようなコンポスターで、土がない人は乾燥させて堆肥として土に返そう。

コンポスターとは、プラスチック容器。バケツをひっくり返した形をしている。太陽の当たる場所でこれを二〇～三〇センチほど掘って土に埋め、そこに生ゴミを入れていく。ときどきかき回し土と混ざるようにする。三分の一ほど混ざったら、容器を外し、太陽の吸収がよい黒のポリ袋をかぶせそのまま熟成させる。熱が発散してほどよく乾燥したら堆肥のでき上がり。

土がない人は、まず生ゴミを新聞紙などに広げ風の通る場所で乾燥させる。バケツに落葉を入れ、その上から乾燥生ゴミを入れて、使用済み布巾やタオルをかぶせ、箸を置いて隙間をあけるようにして蓋をする。隙間が開いていないと、中で発酵することがあり、堆肥がうまくできない。ときどき風を通すように、中を上下にかき回し、一～二週間で堆肥ができる。

発酵しそうになったら、かき混ぜて空気を通すことがポイント。早く堆肥を作るためには、ＥＭ

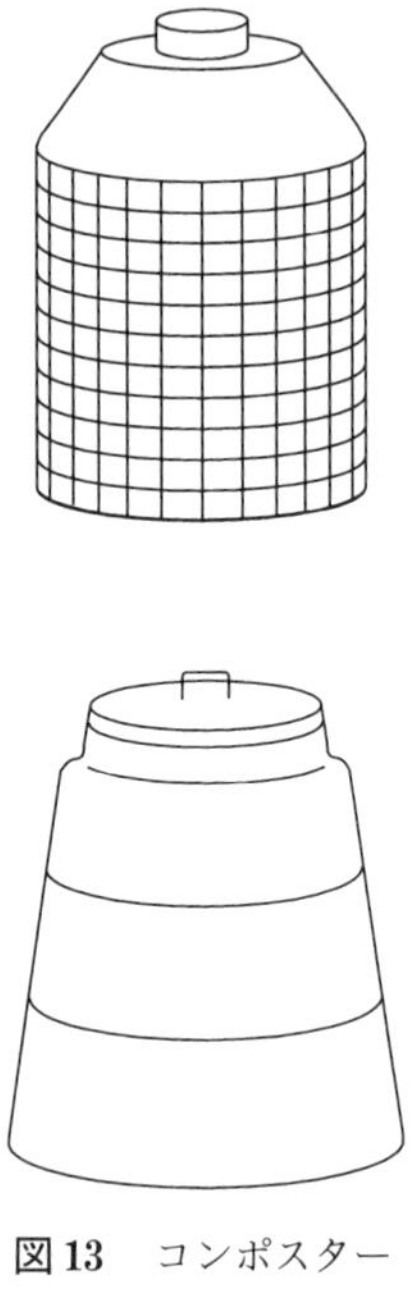

図13　コンポスター

表2　廃棄方法一覧表

製　品	廃棄方法
・ハンドバック	革を製造する時に，なめし剤が使用され，表面も加工されているので，不燃ゴミに
・インスタント食品外装	プラスチック包装であり，不燃ゴミに
・ワイシャツを止めているピン	プラスチック製で不燃ゴミに
・携帯カイロの包装	プラスチック包装であり，不燃ゴミに
・ストロー	プラスチック製で不燃ゴミに
・化学繊維製衣類	化学繊維によっては，低温で燃焼するものがあるが，芯地，ボタンなどが付属している時は不燃ゴミに
・固まった入浴剤	内容成分は不燃ゴミに 容器は不燃または再生ゴミに
・噴出口が固まったスプレー糊	内容成分は合成樹脂で不燃ゴミに 容器はガスを抜いた後再生ゴミに
・霧状にならない防水スプレー	内容成分はフッ素樹脂で不燃ゴミに 容器はガスを抜き再生ゴミに
・未開封のまま固くなった携帯カイロ	内容は鉄粉製なので可燃ゴミに 外装はプラスチック製で不燃ゴミに
・フッ素樹脂がはがれたフライパン	鉄製で再生ゴミに。ただし，持ち手がプラスチック製であれば不燃ゴミに
・キズが入った密封容器	プラスチック製で不燃ゴミに。製造者によっては回収し，再生するところもあり
・電気湯沸しポット	外側はプラスチック製で不燃ゴミに
・オーブントースター	外側はプラスチック製で不燃ゴミに
・溝に汚れがたまったおろし金	アルミ製では再生ゴミに 陶磁器製では不燃ゴミに
・二〜三年前の殺虫剤	内容は有害ゴミに 容器はガスを抜き不燃ゴミに
・蚊取り線香	可燃ゴミに
・布団	粗大ゴミに。または繊維回収に
・変色したシーツ	綿製は可燃ゴミ。化繊製は不燃ゴミに
・スリッパ	裏面がプラスチック製で不燃ゴミに
・サインペン	外側がプラスチックで不燃ゴミに

表2（つづき）

製　品	廃棄方法
・使用期限切れ乾電池	再生ゴミに
・カセットテープやビデオテープ	テープ，外装共にプラスチックで不燃ゴミまたは回収に
・ボールペン	容器がプラスチックで不燃ゴミに
・ガスストーブ	粗大ゴミに
・テレビ	粗大ゴミに
・目覚まし時計	電池は再生ゴミに，時計は不燃ゴミに
・使い切った口紅	内容成分・容器共に不燃ゴミに
・固まったマスカラ	内容成分・容器共に不燃ゴミに
・固まったマニキュア	内容成分・容器共に不燃ゴミに
・油が浮いているファンデーション	内容成分・容器共に不燃ゴミに
・未開封の香水	内容成分は可燃ゴミに，容器は不燃ゴミに
・日焼け止めクリーム	内容成分は可燃ゴミに，容器は不燃ゴミに
・使用済み化粧用スポンジ	プラスチック製で不燃ゴミに
・すぐ泡が消えるムース	内容成分は可燃ゴミに，容器はガス抜きし不燃ゴミに
・脱毛用クリーム・ワックス	内容成分は可燃ゴミに，容器は不燃ゴミに
・錠剤	内容成分は可燃ゴミに，容器は不燃ゴミまたは回収に
・虫よけスプレー	内容成分は可燃ゴミに，容器はガス抜きし不燃ゴミに
・電子体温計	表示をして不燃ゴミに
・乾いたウェットティッシュ	内容成分は可燃ゴミに，容器は不燃ゴミに
・ラップ	不燃ゴミに，材質にあっては可燃ゴミに
・固まった洗剤	内容成分は可燃ゴミに，容器は不燃ゴミに
・固くなった柔軟剤	内容成分は可燃ゴミに，容器は不燃ゴミに

菌を使うのもよい。ＥＭ菌とは八〇種類の有効微生物のことで、同じように乾燥させたところで使うとより早く堆肥になる。堆肥を多量に作ると余ることが多いので、ゴミの減量が目的という感覚で楽しんで作るようにする。

その他の廃棄物は表２に従って正しく廃棄する。

自然界に廃棄できるリサイクル可能製品を選択する

いままでは、製品購入に当たって、その製品がリサイクルできるかどうかという判断基準のみ述べた。しかし、この判断基準では、その製品の生産段階で、汚染物質が廃棄されていたとしてもわからずに、購入に踏み切ることとなる。これでは、リサイクルはよくても自然界への影響が少なからず心配される。

製品には、資源の採取、製造、流通、使用、廃棄という製品のライフサイクルがある。この製品ライフサイクルのどこの段階でも自然界に負荷をかけない製品であることが望ましい。その判断基準はなかなか生活者レベルで判明できるものではない。

生活者がある程度判断できる基準としては、資源の選択や流通、廃棄などからである。例えば、衣類ケースを購入するとしよう。衣類ケースの資源、製造、流通、使用、廃棄において自然界に負荷をかけないものであるかどうかである。プラスチックに代表される樹脂は、石油資源であり、製造は簡単で価格も安い、流通も一般スーパーで販売されており、手に入りやすい、使用においては、化学物質を発生させることはない。一方、桐ケースは、資源と合板に桐材を張りつけたもので、自然素材に近い。製造においては合板に桐板を張りつけるので、この接着剤が気になるところだ。流通では通信販売で、人手にも問題はない。使用において、有害物質、化学物質を発生させることはない。

いずれもここまでは、どちらとも判断ができない。最後の廃棄についてはどうか。樹脂の場合、樹脂の性質によっては、リサイクルができないので、埋立てとなることがあり、廃棄には困難が伴う。桐ケースでは、接着剤の問題はあるが、木製資源そのものは細かくすればリサイクルも可能である。

このように製品の購入に当たっては、製品のライフサイクルをすべて判断して、購入しなければならない。ここまで判断することが、廃棄については必要なことであり、これが環境負荷を最小限にする判断基準ということになる。

最近、製品を環境を軸に資源、製造、流通、使用、廃棄まで負荷の少ない製品の優先購入を進めていくことを目的にした「グリーン購入ネットワーク」が設立された。ただし、現在のところ参加しているのは、おもに事業者、地方自治体、市民グループなどで、個人参加はほとんどない。

グリーン購入ネットワークの基本

1　環境汚染物質の削減―環境や人の健康に被害を与えるような物質の使用および放出が削減されている
2　省資源・省エネルギー―資源やエネルギーの消費が少ない
3　持続可能な資源採取―資源を持続可能な方法で採取し、有効利用している
4　長期使用可能―長期間の使用ができる
5　再使用可能―再使用が可能である
6　リサイクル可能―リサイクルが可能である
7　再生素材等の利用―再生された素材や再使用された部品を多く利用している
8　処理・処分の容易性―廃棄されるときに処理、処分が容易である
9　事業者の取組みへの配慮―環境保全に積極的な事業者により製造され、販売される製品を購入する
10　環境情報の入手・活用―製品や製造・販売事業者に関する環境情報を積極的に入手・活用

グリーン購入ネットワークでは、環境情報を入手し、活用し、ネットワークで購入するための情報として提供している。

例えば、ＯＡ・印刷用紙についての情報には、事細かに比較できる内容が満載されている。この情報だけでも、一般生活者向けに提供してほしいものだ。

そこには、銘柄名、製造事業者名、古紙配合率、白色度、表面塗工量、特殊コーティング、環境配慮特筆事項、おもな用途・特徴、発売開始時期、情報提供者問合せ先などが列記されている。この情報を比較・検討することで、どれを購入するかを自分で決めることができる。

また、これは、理解を深める意味で商品情報を提供するものであること、情報提供者が内容については責任を持っていること、ネットワークでは特定の商品を推奨するわけではないこと、すべての事業者の情報をカバーしているのではないこと、そして、環境負荷ができるだけ少ない商品を選んで下さいと明記してある。

ここがグリーン購入ネットワークの基本姿勢であろう。生活者にとっても、これからはこのように考えて製品を選択し、購入する時代がきている。しかし、生活者はまだ、選択基準の軸足を価格に置いているようだ。「安いから」が根強い選択肢となっているが、自然界への循環を考慮すると、いつまでも価格だけで判断していると未来を暗くする。

紙製品は当然のこと、冷蔵庫、自動車、洗濯機、パソコン、衣類、住宅などすべての製品を、製品ライフサイクルから見て環境視点で選ぶようにしなければ、ゴミの増加はくい止められず、環境破壊は進む一方になる。

使い捨て容器や包装のものは避ける

一九九四（平成六）年、生活から排出されたゴミの用途別内容を見ると、食料品、容器・包装材、商品の順になっている。そのうち、容器・包装として使用されている内容は、食料品用が五八・二％、日用品用が二三・五％、飲料用が九・二％である。これからみると容器・包装が使用されている用途は食料がほとんどを占めている。

それは、食料を購入するに当たり、包装してあるものをたいてい購入しているからだ。スーパーマーケット、デパート、ディスカウントストア、コンビニエンスストアなど、いずれもが食料品をむき出しで販売しているところはない。臭いが困る、持ち帰りにくいといった理由の魚、肉など生鮮食料品は、当然であるが、きゅうり、トマト、セロリ、じゃがいもなどにいたるまで袋に入っているか、トレイでフィルムがかかっている。

このように持ち運びに便利な包装使用の食料品を購入していれば勢い、容器・包装材の廃棄が多くなる。

食料用包装材五八・二％について、もう少し詳しくみると、紙箱五・一％、プラスチックトレイ一一％、プラスチックカップやパック一〇・一％、スーパーの手提げ袋一〇・七％、プラスチック小袋一一・五％、その他九・八％となる。

袋も多いがトレイ、パック、カップも多く使用されているのがわかる。このような包装材を購入すると、かさ張る。これは避けられることではなく、むしろ否応なく選ばされており、拒否すると、商品は購入できなくなる。それが問題である。生活者が好まないにもかかわらず、商品に着物を着せられている。

もちろん、これらの包装材が着せられていても、それをリサイクルさせることができるのであれば、話は別である。しかし、それがリサイクルできない。生活者としては、自然界で廃棄したいと考えているのに、それが無視され、環境汚染になるとわかっていながら購入するのには抵抗がある。

キャベツときゅうりの包装は販売店により違いがあるのかを調べてみた結果がある。販売店は、デパート、大型スーパー、中小スーパー、ディスカウントストア、コンビニエンスストア、八百屋の六種類である。

どちらの包装も一〇〇%だったのは、コンビニエンスストア。キャベツでは、デパート六〇・六%、中小スーパー五四・五%であった。きゅうりは、コンビニエンスストアにつぎ、中小スーパー九一・一%、ディスカウントストア八〇%である。

コンビニエンスとは、便利という英語だが、あまり便利過剰で廃棄物をも販売している。それに比べると、やはり八百屋は包装は少ない。キャベツ一九・一%、きゅうり五一・二%。

この例から判断できるように、どのような店を選ぶかが廃棄物を減らすには必要である。包装材だけでいえばコンビニエンスストアは避けるべきである。中小スーパーも避けたいところだ。販売する側としては、並べやすい、汚れにくい、扱いやすい、商品が傷みにくいなどといったことから、包装材を使用したがるようだが、廃棄する側の生活者にしてみれば、ゴミも一緒に購入している気になる。

実際のところ、容器・包装材にも費用がかかっているわけだから、それも購入していることになる。その価格は、商品により違うが、商品価格に占める割合は結構大きい。例をあげると、表3のようになる。

これらの容器・包装材がリサイクルルートで循環しているなら問題も少ない。ところがリサイクルの見通しもないものがあるから困る。これらはリサイクルを実験中であるが、たいていは、燃えるものを固形燃料化する、再商品化する、油化するなどで、いずれも始まったばかりである。

できれば容器・包装された商品は購入を避けたい。どうしても購入しなければならないときには、できるだけ再生資源を使用している、再生される、リサイクルされて再商品化するなど廃棄後の状態が判明しているものを選ぶことだ。

食料品に限っていえば、丁寧に包装されているのは、日本くらいのものだ。丁寧に包装して販売しなければ購入してくれない日本の生活者の判断基準とは、一体どこにあるのだろうか。

廃棄物をリサイクルさせるには徹底分別を！

これからのゴミ廃棄には、徹底した分別が必要だ。それは特にリサイクルルートで循環しているものは、回収され再資源、再商品とするまでにはかなりの労力がかかるからだ。それを排出者が中の洗浄から、分別まで徹底して行っておくと、リサイクルセンターでの作業が違ってくる。そこま

表3　容器代

容　器	1容器の金額
トレイ	4～15円
カップうどん	60円
カップラーメン	40円
卵パック	5円
歯磨き剤	23円
牛乳パック	10円
ペットボトル	47～62円
シャンプー（ポンプ式）	137円

〔川崎・ゴミを考える市民連絡会：わたしたちが変わればお店が変わる　より〕

で徹底することは、商品を使用した側の責任ともいえる。内容物がはいったまま排出したり、プラスチックとビンを間違えて排出したりすると、むだが多くなり、リサイクルがスムーズに行われなくなる。

一手間を惜しむのではなく、循環をよくするために、守るべきルールはきちんと守ろう。

分別廃棄物の正しい出し方

○ガラスビン

ガラスビンは、中をすっかり空けて出す。空きビンならなんでもというわけではない。化粧品、乳白色ビン、耐熱ガラス、ガラス食器、電球、蛍光灯、薬用ビン、食用油ビン、割れたビンなどはリサイクルされない。キャップを外す。ドレッシングなどの中栓はそのままでよい。中をさっと洗う。あまりていねいに洗う必要はない。水のむだ使いになるからだ。色別に分けて排出する。（市町村により多少違う）

○ペットボトル

リサイクル可能なペットボトルは飲料用、酒類用、しょうゆ用の三種類のみ。食用油、ソース、洗剤、シャンプー、化粧品、医薬品用などはリサイクルされない。また、飲料用に薬などを入れておいたものはリサイクルされないので注意。

キャップを外す。本体についているプラスチック栓はそのままにする。

悪臭防止のため、中をさっと洗う。

そのままではかさ張り過ぎて、運搬が大変なので、足などでボトルのお腹のところを踏みつぶして排出する。

○トレイ

食料品トレイは白色のものや色のあるものはリサイクルされるが、表面がプリントされたものはリサイクル法を研究中である。

上にかかっているラップは外す。ラップはプラスチックなのでリサイクルされない。

さっと水で洗う。食料品をのせている場合がほとんどなので洗わないと臭いがする。

そのままでも、半分に折ってもよいが、他の臭いをつけないようにして排出する。

○古　紙

新聞紙、雑誌、ボール紙、段ボールがリサイクルされる。

新聞紙に入っているチラシ、広告紙は新聞紙とは別にする。雑誌は、週刊誌、電話帳、ノートなどがリサイクルされる。ただし、ホッチキスの針やクリップは外す。

紐で十文字に結んで排出する。

ボール紙は菓子、衣類の空き箱がリサイクルされる。

平らに伸ばしてまとめてひもでまとめて。
段ボールは平たく伸ばしてまとめて出す。

○缶

スチール缶、アルミ缶がリサイクルされる。缶の表示にスチールかアルミかのマークがあるのでわかる。それ以外の缶はリサイクルされない。

中をさっと洗い、そのまま排出する。

外出先で、缶を廃棄するときには、洗うことはせず、必ず所定の回収容器に排出すること。放置したり、道路に投げ捨てたり、通りすがりの家の庭に投げ入れたりはしないように。

再生商品を購入する

身の回りのリサイクルを進めていくためには、回収されたあとの再資源が再生商品とされたものを購入することである。

ところが、再生商品は再資源を利用しているため割高感がある、品質的に色、肌触りなどがよくない、などから敬遠されがちであり、再生品の見分けがつかないために購入されない。

再生商品が購入されないと、再資源とされた原料が余り、使用されない状態となる。それが余り続けると、錆《さ》びたり、傷んだり、汚れたりして品質にも影響が出てくる。

したがって、リサイクルを進めるためには、どうしても再商品を購入することが必要である。再商品かどうかを見分けるには、エコマークなどの表示を目安にする。エコマークは、商品のライフサイクルを考慮に入れ、資源の消費、地球温暖化影響物質の排出、オゾン層の破壊物質の排出、生態系の破壊、大気汚染物質の排出、水質汚染物質の排出、生産中の廃棄物の排出・廃棄、有害物質などの使用・排出、その他の循環負荷といった項目について評価した上で認定されるマークである。

エコマーク

日本においては、このようなリサイクルにより回収された再資源を使用した商品には、それがわかるようにたいていエコマークが表示されている（図14）。

現在、マークが表示されている商品には、再生パルプ使用の用紙、芳香族炭化水素類を含まない塗料、再生パルプ使用の事務用品類、廃食用油再生石鹸、廃プラスチック再生品トレイ・バケツ、廃食用油吸収材、廃プラスチック製台所流し台水切り用三角コーナー、無漂白のコーヒーフィルタ

図14　日本のエコマーク

ー、廃ペット樹脂を使用した衣料品、などがあげられる。

このようなマークを参考にして再商品を購入することで、再資源が多量に使用され、その結果リサイクルがスムーズに回り、循環がうまくいくこととなる。

このような商品のライフサイクルを環境面から評価し、商品を認定して、表示につけているのは、日本だけではない。

カナダのマークは、エネルギー効率の向上、有害または有毒な副産物の減少、再生品の利用、製品寿命の延長、再利用が可能、そのほかなんらかの面での環境配慮が評価の対象項目となっている。

北欧にはエコラベリング委員会があり、フィンランド、スウェーデン、ノルウェー、アイスランド、デンマークが構成国で、各国のエコラベリング委員会より承認され、最終的には北欧エコラベリング委員会で決定される。この最終決定は満場一致でなければならない。欧州連合のエコラベル認定基準は、ヨーロッパやその他地域における関連団体との協議という複雑な過程で策定される。

アメリカのマーク認定には、入手できる最良の科学データと市場情報、専門家の意見、関係者の情報をもとに、商品認定基準を策定し、それに沿って環境にやさしい商品やサービスに認証を行っている。

マークを目安に是非再生商品を購入しよう。

5　これからのシンプルライフの考え方

商品購入には「緑のチェック」

家具、自動車、家電製品、衣類、食品、文房具、ペーパー類などを購入するときは、「緑のチェック」をしたい。

緑のチェックとは、これらが製品となるときに、どれくらい環境に負荷、影響を与えながら作られたかを知りうる限りチェックし、そのうえでどの製品がよいかを選び、購入をする、しないを判断することである。

常に環境を考えて製品を選び、購入を決めるのが、シンプルライフへの道。自分が望むまま、後先考えず、将来を見通さず、といった状況での購入は、その時はよいが、長い間にはさまざまな問題が発生し、暮らしが循環することで問題は生活に確実に返ってくる。

環境への影響がまったく0（ゼロ）の製品はないので、緑のチェックでは、環境への影響があるかどうかをチェックする。

緑のチェック項目

★製品を製造している企業は環境を考えて製品を作っているか

製品がなければ生活は成り立たない。製品を製造する企業があり、生活も充足する。ただし、製品は多量に製品化すればよいのではなく、製造から廃棄までについて、環境を配慮して製品製造をしている企業かを見極める。企業の情報は生活者にはなかなか収集しにくく、情報がわかりづらいので、直接企業に環境に関する質問をして見極めるのもよい。

★購入店は環境を配慮した品揃え、サービスを心掛けているか

製品を販売する店がなければ、身近な購入はできない。しかし、手軽な購入に越したことはないが購買意欲がそそられるだけでは、大量販売・サービス過剰につながり、環境は悪化することとなる。製品を選定して品揃えをしているか、再生製品を置いているか、店員の環境教育をしているか、包装過剰になっていないか、リサイクル容器や包装を回収しているかといったことをチェックする。

★製品に使用されている素材は自然のものか

製品を公正している素材には、できる限り自然素材が使われているほうがよい。素材の採取地や方法がわかるとなおよい。自然素材は廃棄しても自然へ返りやすく、どこで廃棄されても環境への負荷が少ない。ただ、素材は自然でも、製品化される段階で化学的な手が加えられており、廃棄すると環境に負荷をかけるかどうかをチェックする。

★製品の加工には有害物質を使用していないか

製品の加工については、使用材料、使用方法などチェックしにくいことが多いが、白さ、柔らかさ、固さ、耐水、防炎、難燃、抗菌、防虫などの加工にどのような材料が使用されているかをチェックする。加工剤によっては、廃棄により有害物質が排出されることもあるからだ。ただし、加工剤は明記されるものとされないものがあり判別しにくいが、知りたければ生産者に問い合わせてもよい。

★製品が破損したら修理や手を加えることが自分でできるか

製品は使用し続けることで、部分的に故障したり、破損したりする。その都度、新品を購入したのでは、廃棄物が大量に排出されて問題がさらに増大する。簡単な修理程度であれば、自分でできる製品がよい。また、自分ではできないが、修理業者に持ち込めば、元通りになる製品を選ぶ。故障、破損したら、どのようなアフターケアがあるのかは、購入する時点でのチェックが必要である。チェックが悪いと、修理に困ることとなる。

★製品の仕組みがシンプルで，故障，破損がすぐにわかるか

製品の構造が複雑であればあるほど，自分で修理することが不可能となる。購入時点では，製品の仕組みにもチェックをする必要がある。よりシンプルな仕組みであると，故障や修理点がわかり，万一の場合には，自分で修理ができる。複雑な構造を持つパソコン，ワープロ，自動車，冷蔵庫，エアコン，電子レンジなどは一度故障すると，修理が困難なことが多いので，機能的にシンプルなものを選び，故障や破損がすぐ判断できるのがよい。

★廃棄後の資源回収・再生ルートがきちんと整備された製品か

リサイクル社会に暮らしを組み込んで行くためには，資源を有効利用することが一番。それには，製品に使用されている資源を回収し，再生させ，再利用する，このリサイクルができる製品かどうかをチェックする。製品使用の後，廃棄の一方通行では，資源は有効に利用されない。資源回収のルートはあるか，再生ルートはあるかなど廃棄後のチェックが必要である。特に，回収ルートだけで再生はせず，産業廃棄物としている製品もあるので，その点はじっくりとチェック。

★製品回収された後，リサイクルされているか

製品に使用された資源は再生されて始めてリサイクルされたこととなる。購入時には，資源再生がされているか，それはどのような方法で再生されているかなど，できるだけチェックする。これについては，なかなかチェックしづらいことがあるが，製造メーカーに確かめる，情報を収集する

などして見極めることが必要である。

★製品から再生された資源は有効に利用されているか

最も難しいチェック項目。製品回収の目的は、資源を再生させることであるが、再生させた資源をどのように利用しているかは、製造あるいはリサイクルメーカーの範囲となるので、生活者には情報が乏しく、チェックできない。しかし、複雑な製品は別として、製品に使用されている素材内容がある程度わかれば、おおよその推測はできるはず。最終的な再生製品までわからなくても、再生資源が利用されているかどうかをチェックする。

★最終廃棄物には有害物質が含まれず、指定の廃棄法で最終処理されているか

最終廃棄物に有害物質が含まれているかどうかは、購入時点でチェックできる。それを廃棄する段階で指定処理法で廃棄しているかどうかが問題。産業廃棄物扱いとなるものについては、地方自治体、厚生省などに問い合わせて確かめ、そのうえで購入を考慮する必要がある。

★購入した製品を廃棄するとき、指定の廃棄方法を自分が守れるかどうか

製品を購入し、使用した後には、必ず廃棄する。製品によって資源として回収し、再生させ、再生製品としてリサイクルさせているものも多い。使用後、自分がこの指定の廃棄方法に従えるかどうかがチェックポイント。所定の場所に廃棄しなければならない製品を指定通りに廃棄できるか、廃棄してはいけない場所に出掛けたときには、持ち帰ることができるかどうか、自宅でも徹底分別

して廃棄ができるかなどをチェックする。

一人一人の廃棄法が間違っていたり不法であると、廃棄物が増加するばかりとなる。購入にはここまでチェックする必要がある。

購入しすぎない

買い過ぎ、予定外の買い物など必要以上の購入は、廃棄物の増加、むだにつながる。製造、運搬、保存、廃棄にはそれぞれ費用やエネルギーがかかり、それはシンプルライフに逆らうこととなる。

購入には、

1　必要なものはメモを持って出掛ける

日常の購入では、予定外の購入が多くなりがち。予定外購入を避けるには、メモを持参して出掛ける。これ以外のものは購入しないこと。

一週間分の献立を立て、必要品をメモし、それ以外は見向きもしなければ、購入しすぎにはならない。

2　目移りしない

購入までに、緑のチェックを徹底的にし、製品決定後は、迷わないことが購入し過ぎを防ぐ。製品決定後も、価格、新製品などで迷うと、予定外購入につながる。購入時点で、とにかく迷いをすべて検討し、決定後は目移りしないことだ。

3　欲しい時には三度考える。

製品購入に当たっては、三度考える習慣を。欲しいと思ったときに購入すると、失敗して、廃棄物増加につながりやすい。まず、どうして欲しいのかを考える、二度目には、代替えできないかを考える、三度目には再度必要かを考える、それでも欲しい時に、購入に踏み切る。

4　レンタル・譲るを考える

使用期間の短い製品は、購入しなくてもレンタルで、十分間に合う。ベビーカー、旅行用スーツケース、パーティードレス、子供用スキー用品、スポーツ用品といった製品。購入しなければ、廃棄する必要もなく、廃棄物増加にもならない。また、使用期間が過ぎた後の置き場所に悩むこともなくなり、一石二鳥で、価格的にみても格安になる。

また、不用になった人から譲られることも購入を減らせる。子供用衣類、おもちゃ、学用品などは使用できるものであれば、譲られたもので十分に役立つ。ていねいに使えば、さらに譲り渡すこともできる。使用年数の長い製品は、新品でなければならないこともない。

5　自分流購入基準を持つ

品質がよい、包装が簡易、製造にエネルギー利用が少ない、製造に省資源、レンタルで間に合うものはそれでよい、一定の数量があればそれ以上は必要なし、収納場所に見合っただけ購入する、一つでいくつもの用途に利用する、最小限必需品で暮らせる技術があればよい、環境負荷は最低限に止めたい、一生八十年間使用できる耐久性があればよい、形あるものより形のないものが必要など、製品購入での自分の基準を持つ。製品購入することは、最終的には廃棄につながる。廃棄量を増加させないためには、購入は自分流基準が必要。この基準がないと、必要の都度購入する結果となる。

シンプルライフには、生活するのに最低限の必要量はどれくらいかという考え方が大切。必要量以外は購入しなくても生活できる技術、知恵、考え方を重視すれば、廃棄は少なく、シンプルに暮らせる。

省エネ生活は二酸化炭素の排出を抑える

大気中の二酸化炭素の濃度は、産業革命以前二〇〇ｐｐｍであったが、世界人口の増加、産業活動の発展で排出量が増加し、現在、三五〇ｐｐｍを越えており、これからは年間〇・五％の割合で排出量が増えると推測されている。二酸化炭素は、石油、石炭、天然ガスなどが燃焼するときに排出される気体（ガス）で、生産活動、自動車、動物、人間からも排出されている気体である。

地球温暖化の最も大きな原因であるとされている。地球を取り巻く温室効果ガスの主成分が二酸化炭素で、太陽の光はよく通すが、太陽放射により温まった地表から出る赤外線の一部を吸収し、再び地表に戻し、残りを宇宙へ放出する働きがある。この効果で、地表と下層大気は温められ、生物の生存に適した状態が保たれている。

二酸化炭素の濃度が高まると、地表からの赤外線の一部を吸収するのではなく、ほとんどを吸収し、宇宙への放出が少なくなり、地表の温度は上がり、気候変動、海水面の上昇などが引き起こされる。気候変動、海水面の上昇が起こると、生態系に大きな影響が及ぼされることとなる。

二酸化炭素は生活からも排出している。一世帯のライフサイクル・エネルギーを計算すると、間接・直接エネルギーは、年間四、三六三万九、〇〇〇キロカロリーである。これは原油に換算すると、年間四、七一八ℓで、一日一三ℓとなる。つまりこれだけの原油を燃焼させて生活している。二酸化炭素排出量も増加するわけである。

生活での原油燃焼を使用種類別にみると、電気機器二六・二％、自動車一六・七％、食品一一％、ガス器具一〇・六％となっている。電気使用と自動車利用が大きく影響していることがわかる。

ここに財団法人省エネルギーセンターが行った「ある家庭のライフスタイルとエネルギー消費」実態がある。三つのモデル家庭のエネルギー消費を試算した結果が出ている。

A家—エネルギー消費普通家庭。首都圏に暮らし、住宅には薄い断熱材が使用されており、普及率の高い機器を持ち、家族旅行をする、ごく一般的な家庭。

B家—省エネ家庭。省エネ仕様の照明を使用し、テレビなどの主電源はこまめに切り、冷蔵庫の開け閉めも少ない、空調温度設定は、A家より冷房は高く、暖房は低くしている。窓は二重、断熱材は厚く、マイカーは買い物に使用しない。

C家—エネルギー多消費家庭。テレビは各自個室で使用し、照明、空調は長時間使用。A家より冷房の温度は低く、暖房は高い。食事や入浴はバラバラ。機器は多機能搭載。マイカーは大型を二台利用。

以上三家庭をモデルにエネルギー使用を比較してみた。B家はA家より一六％減少、C家はA家より二五％の上昇となった。B家とC家では、B家が三四％減少した（図15）。

これを一九九一年のエネルギー源別価格で計算すると、年間消費エネルギーはA家で二六万五〇〇〇円、B家一九万二〇〇〇円、C家三四万九〇〇〇円である。BとCとの差は一五万七〇〇〇円にもなる。

省エネ生活は、金銭面からもよい結果をもたらすが、それより地球温暖化にストップをかける。地球上で生きるもののルールとして、一人一人の省エネ実践で二酸化炭素排出が抑えられる。

省エネ生活は電気製品使用を減少させて

二酸化炭素排出からエネルギー消費をみると、生活で最も多く消費していたのが電気機器であった。それで省エネには、照明をこまめに消す、冷蔵庫のドアの開閉を少なくする、冷暖房の温度設定を変えるなど方法はいろいろあるが、どれも実践するとなると、なかなか長続きせず難しい。

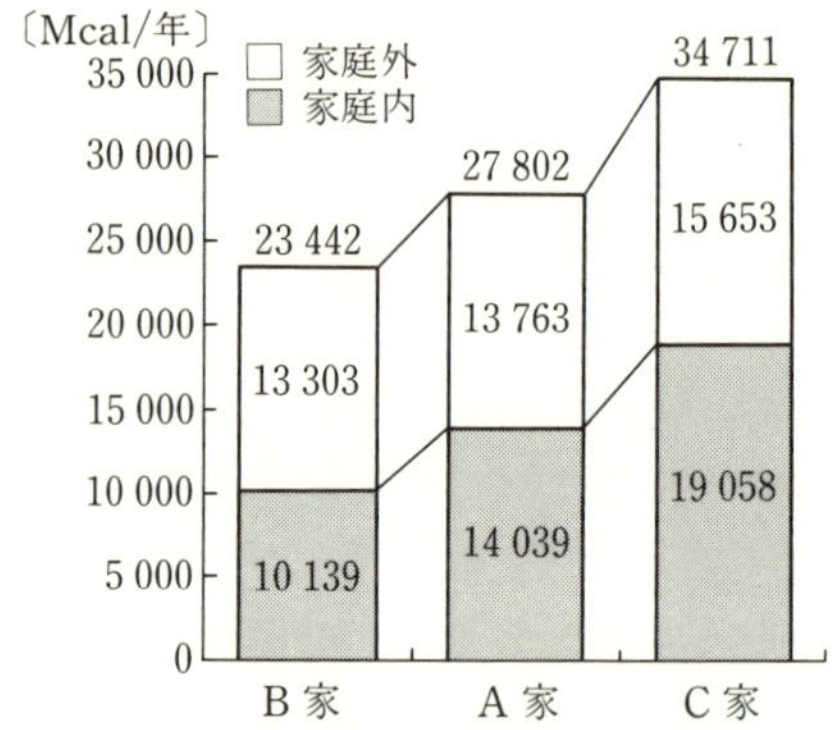

図 15　家庭内外のエネルギー消費量
(2001 年の推計値)
〔(財)省エネルギーセンター：1996 年版省エネルギー生活・住宅　より〕

それよりも、家庭にある電気製品使用を減少させることが最も早道だ。一九九七年四月四日付け朝日新聞に京都大学環境保全センターの高月紘教授が、製品の原料調達から廃棄まで環境への負荷を総合評価するとライフサイクルアセスメントの手法とアンケートを組み合わせて調べた結果を発表している。

生活で使用している冷蔵庫、電子レンジ、自動車、エアコンなど十七品目を、生活に不可欠、なくても生活できる、特に必要でないのどれかに分類してもらい（図16）、それとは別に、それぞれの品目について原料調達、製造、使用、廃棄にどれくらいエネルギーを消費し、ゴミを出すかをライフサイクルアセスメント手法で計算。この二つのデータを組み合わせ、使用品目を減らせば、どれだけのエネルギーやゴミが減るかを算出した（図17）。

この結果、生活に不可欠な品目だけで生活をすれば、エネルギー消費、ゴミ排出量ともに現状の半分になり、特になくてもよいというものの購入を半分にするだけで約三割減ることとなった。

この不可欠製品だけがあれば、省エネ生活となるわけだから、家庭内の生活必需品を一度チェックする必要がある。それぞれが不自由しない程度に不可欠品だけで生活したら、エネルギー消費は確実に半減し、ゴミも減る。

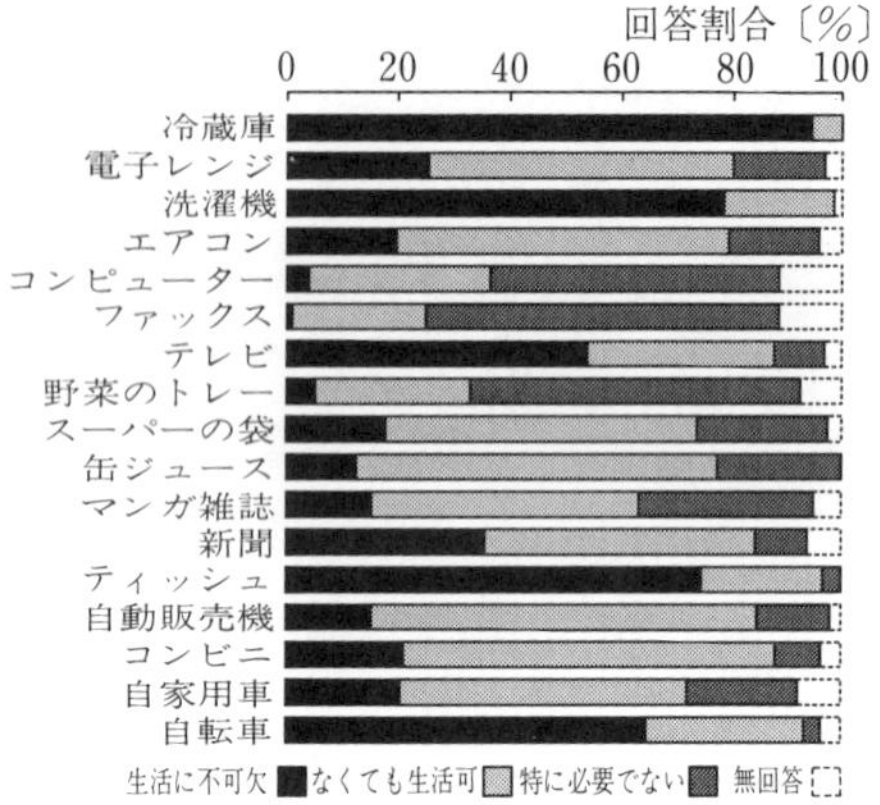

図 16　身近な物への必要度感覚
〔高月紘：自分の暮らしがわかるエコロジー・テスト，講談社　より〕

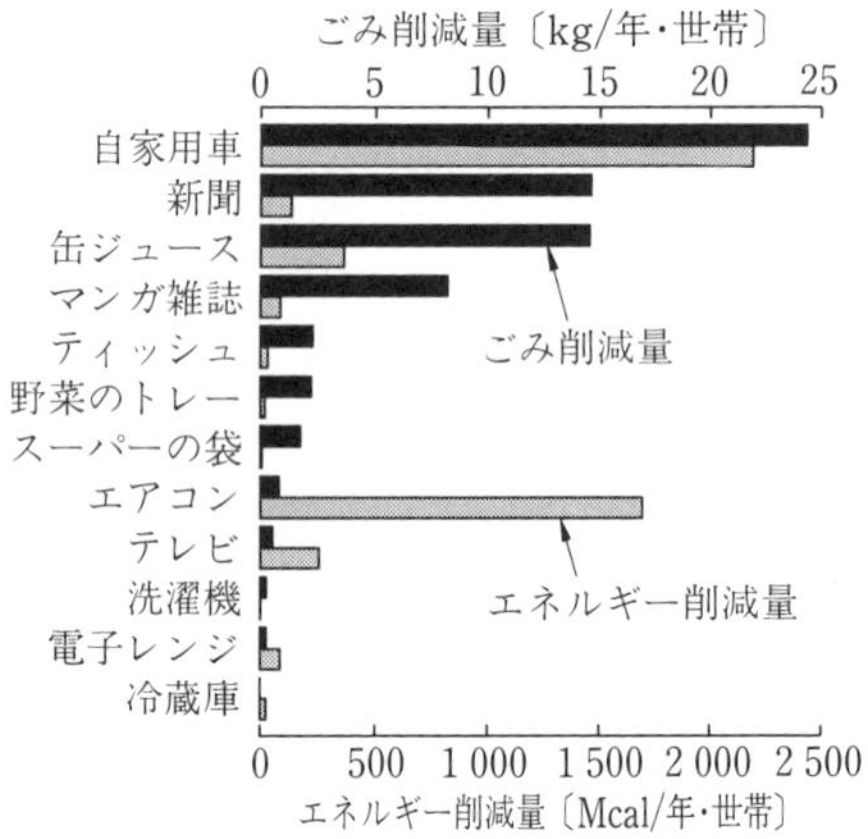

図 17　削減されるごみとエネルギー（レベル 2 の場合）
〔出典：図 16 に同じ〕

環境共生住宅

一九九五年四月二〇日朝日新聞「負の誕生・浜も虫も消える『人工列島』」と題する記事が掲載された。

記事内容は、日本国土がどのように利用されたか、戦後五〇年の跡をたどるというものであった。記事には地図が掲載されており、日本列島を色分けで示してある。広葉樹林は薄緑、混交樹林は緑、針葉樹林は濃い緑、水面は青、荒れ地は紫、田畑・果樹園はオレンジ、都市・集落は赤といった色で分けられていた。この地図は二種類あり、一つは明治・大正期、もう一つは一九九五年現在である。二つを比べてみると、海岸周辺の緑が少なくなり、赤が驚くほど増加し、オレンジも増えている。都市化が進んだことがはっきりとわかる。特に、首都東京周辺では赤とオレンジに塗りつぶされ、それは東海道を走り、名古屋、大阪へと続いている。人口が増加し、都市部に集中したことが読み取れる。

その変化を数字でみると、森林面積は国土の六五・六％から六六・六％で変化がないが、その内訳は広葉樹林が二六・五％から一四・三％に減少し、針葉樹の混じる混交樹林が二六・三％から四〇・六％へと変化している。首都圏、近畿都市集落は一・七％から五・五％へと大きく増加し、三・八％分の緑が消失している。

人口増加は住宅取得という形で緑消失へとつながった。一九七五年から一九九三年までに持ち家として取得した住宅数は二六一万五、〇〇〇戸。二世帯で一軒を取得した計算となる。

日本では住宅に対し根強い「持ち家」志向があるが、持ち家率を海外と比較すると、日本は六〇％を越えているが、フランス、スウェーデン、イタリアなどは五〇％と低い。家はなくては困るが、かといって持ち家である必要もない。雑木林を失ってまで持ち家を持つことはない。東京における都市化による緑地の減少の様子を図18に示す。

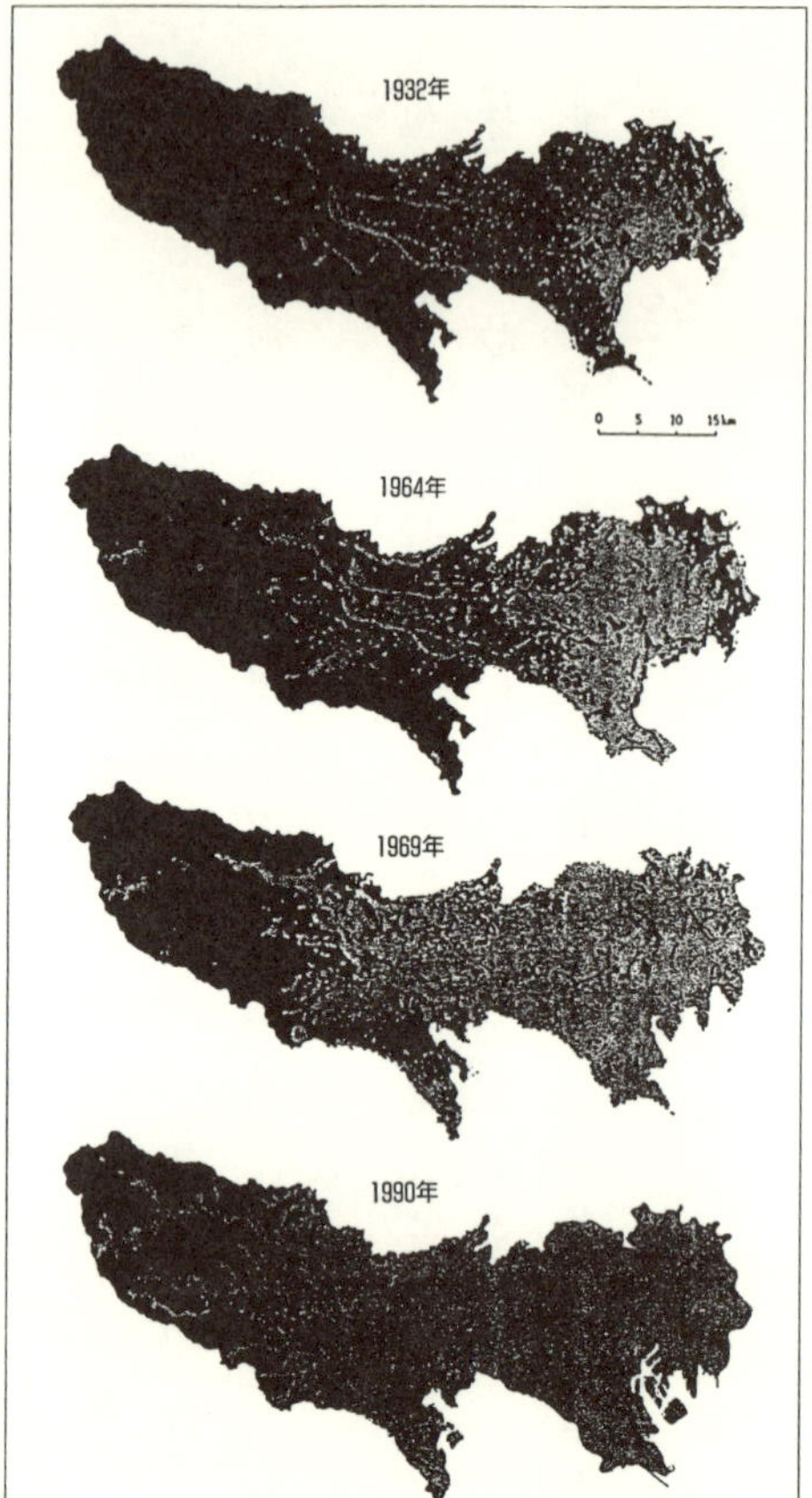

図18　東京都の緑被地の分布の変遷
〔田端貞寿：緑資産と環境デザイン論，技報堂　より〕

環境志向共同住宅の実験

住まいは共同であってもよい。昔の大家族住宅ではないが、環境を志向する人たちが集まり、自分たちで作り上げた共同住宅がスウェーデンにある。

場所はスウェーデン南部・ルンド近郊。共同住宅の名はソルビン。四〇戸の住宅で、エネルギー節約のため、蓄熱を考えた間取りにし、堆肥作り用トイレが備えられた設計となっている、コーポラティブハウスだ。

一九七八年に数名が計画を話し合い、専門家のアドバイスを得て建築を実行した。二部屋タイプが二〇戸、三部屋タイプは一〇戸、四～五部屋タイプが一〇戸と住まい方が選択できる。住んでいる家族の形もさまざまなのが特徴。建築の特性は、エネルギー節約型建築。南の窓を大きく、北は小さくしてエネルギー消費を抑えている。すべての窓ガラスは三重で、太陽熱を蓄えるため、天井、壁、床は熱吸収コンクリートが使用され、換気システムにも熱交換率のよい方法が採用されていた。それでも真冬の暖房は必要であるという。

堆肥作り用トイレには、台所から出されるゴミが混ぜられ微生物に分解させて一～二年で堆肥となる。堆肥は住宅の裏手にある共同畑に使用され、そこで収穫した作物は住民に分配される。トイレの汚物も利用するよう設計されているわけだ。

さらに特徴的なのが食品庫。冬に食品を凍結させてむだにしないため、温度、湿度を一定に保つ換気が備えられ、入り口は空気が逃げないような構造をしている。果物、じゃがいも、にんじんなど貯蔵食品を保存している。環境共生住宅はその後も誕生している。

生活の足・自動車を考え直そう

ドアからドアへ、遠くの目的地へと、思った所に移動できる便利な乗り物が自動車。重い荷物を持つこともなく、いつでもどこへでも移動できる二十世紀最大の便利グッズだ。

しかし、都市は自動車で溢れ、駐車場さえ確保できずに路上駐車するため、日中の道路は渋滞し、混雑することとなった。そして、休日、祝日ともなると、日曜ドライバーが自動車を動かし、行楽地はどこも道路は満員で、休んだ気分にならないような状態となっている。

自動車は排気ガス対策技術が向上してはいるが、一九九〇年排気ガス排出量を東京周辺でみると、二酸化窒素が約二三四万トン。自動車はそのうち五三・三％、一二九万トンも排出している。便利とはいえ環境への影響も大きい。また、一九九七年の乗用車保有台数は四、二九六万台。一世帯で一台を所有している計算になる（図19）。自動車の燃料であるガソリンは、燃費が向上し、ガソリン一ℓで約八・三キロを走る。一世帯が年間で走る距離は八、〇〇〇キロであり、そのガソリン消費量は約九六四ℓとなる。自動車一台でである。

乗用車保有台数は一九九八年、四、九八九万台であるから、これがみな平均八、〇〇〇キロ走ったとすると、四八〇億九、三九六万ℓものガソリンが年間消費されることとなる。

ガソリンが燃焼すれば、当然二酸化炭素が排出され、それは地球温暖化へ影響を加えることとなる。それでも自動車は必要で、生活の足なのだろうか。自動車を足とするなら、パークアンドライドや路面電車などの交通網の整備、自動車への炭素税を考えるべきだ。

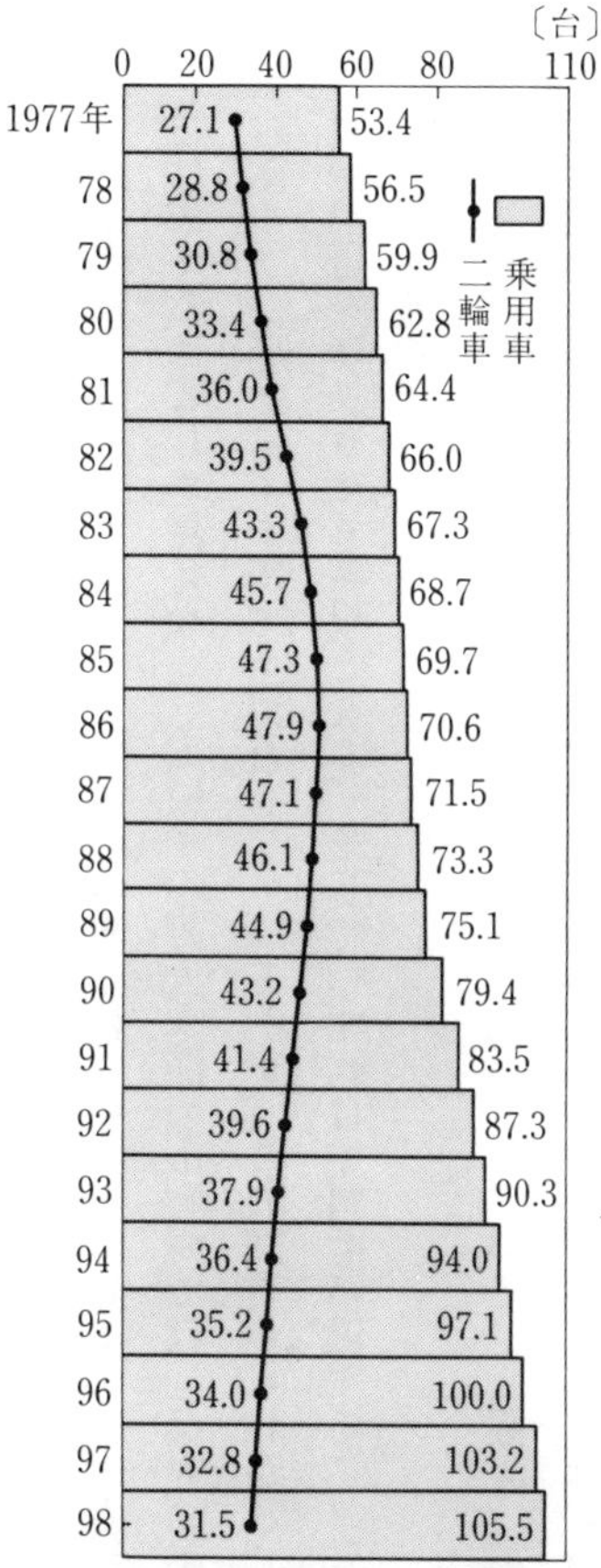

図 19　自家用乗用車および二輪車の100世帯当り保有台数推移（各年3月末現在）
〔(社)日本自動車工業会：1999 日本の自動車工業　より〕

新エネルギー開発まで早寝早起き

いま、私たちの生活では、一日三ℓ分の原油をエネルギーとして消費している。それは朝から晩まで利用している。エネルギーの多くは電力の形で使っているが、その電力は石油、天然ガスなどの化石燃料を燃焼させて得ている。

環境庁が調査している全国星空継続観測によると、一平方秒当りの明るさが一七〜二一等星より明るい地域は、全国の主要都市およびその周辺に多く、関東から東海、関西まで帯のようにつながっている。

日本の夜は星と同じくらい明るいわけである。星空についてのアンケートでも、大都市になればなるほど星は数えるほどしか見えない。人口一〇万人未満の市町村では、反対に美しい星空が見える。都会は眠らず、いかにエネルギー消費をしているかが、この調査からわかる。これでは、地球温暖化、資源消費を増加させる結果となる。そしていずれは燃料も枯渇することとなる。

新エネルギーの開発

燃料が枯渇しては生活が困るので、新エネルギーが開発されている。太陽光、風力、地熱、燃料電池、ゴミ発電などである。いずれも実験を重ねており、実用化への道に迫っている。

太陽光発電は、太陽の持つエネルギーを熱エネルギー、電気エネルギーに変換して利用する方法。気候、季節により得られるエネルギー量が異なるが、いま設置価格は約一〇〇万円で、発電コストは一kW/hで七一円である。

風力発電は実用段階に入っている。アメリカ、デンマーク、ドイツなどでは実用化されている。

最も実用化しやすい発電として注目を浴びている。一kW／hの発電コストは三二円である。

地熱発電は、すでに九州や東北などで実用化されて発電している。しかし、水、大気への環境汚染があり、これ以上は増加の見込みはない。

燃料電池発電は、電気化学反応を利用したエネルギーである。排熱利用すれば総合効率も高くなり、都市エネルギー供給型発電として期待されている。いまの計画では、設置価格は一五〇万円。発電コストは一kW／h　三五～四六円である。

ゴミ発電は、ゴミを燃焼させて出る熱をエネルギーに変換させて利用する方法で、廃棄物の種類でも高い熱エネルギーを出すものを集め、変換させるというものだが、まだ未知数である。

そのほかに産業廃棄物熱利用、河川水、海水などの温度差を利用、地下鉄の都市熱利用などがエネルギー源としての研究対象となっている。

早起きは三文の得

朝起きてから、夜寝るまでエネルギーを消費している。新エネルギーが早く開発されるのを願うが、それまでは太陽エネルギー利用を多くすればよい、早寝、早起きである。

早く寝ることは、夜の照明、冷暖房、テレビ、ビデオ、コンピューターなどの使用時間が短くなり、エネルギー消費が少なくなる。早起きは、早くから太陽エネルギー利用ができる。洗濯する、布団を干す、干物や乾物を作る、掃除する、浴室殺菌をする、日光浴するといったことは、太陽なしではできない。それに早起きは三文の得ともいわれている。

手を加えて再利用する

リサイクル費用は、その九割がプラントにかかる費用であるという。例えば、冷蔵庫一台の回収、リサイクルには約二、五〇〇～七、〇〇〇円かかる計算だ。

最近では粗大ゴミの一部がリサイクルセンターでしっかりと修理され販売されている。多少価格は高くなっているが、修理済みで耐用年数もあり、買い得感はある。押入れタンス、ダイニングテーブル、ベッド、食器戸棚といったものが販売されている。こうした再生品には人気があり、希望者も多く、ものによっては抽選となる。

製品が豊富に出回り、修理するより、新品を購入したほうが安くなった時から、製品を廃棄する習慣をだれもが身につけてしまった。廃棄物増加への道ができたのである。それからは、廃棄に次ぐ廃棄である。しかし、これからは使用し続けられるものは、修理し、手を加えて使用する生活にしないと、廃棄でのさまざまな影響が生活を脅かすこととなり、最終的には生活すらできなくなる時代がこないとも限らないからである。

「古くなった」の判断

「洗濯機が動かなくなった」「自転車のランプがつかなくなった」「おもちゃが動かない」「目覚まし時計のベルが鳴らない」「鍋の把手が取れた」「ブラウスのフリルがよれよれになった」「雨樋がぎしぎしいっている」「浴室にカビが生え、壁が落ちてきた」「足が痛くて動けない」「胃が調子が悪く最近痩せてきた」「物覚えが悪く、忘れっぽくなった」

生活の中では、さまざまな「どうしたのかな？」といったことが起きている。製品、生物、人間などに、いつか何処かが傷んでくる時がある。

その時、それを、だれがどう判断するかが重要だ。人間の場合であれば、その判断は、本人が自分で決めている。自分のことは自分が一番よくわかっているからだ。的確な判断はつかなくても、「どうしたのかな？」を解決すべく行動に移すはずだ。食事を変える、身体を動かす、散歩する、気分転換する、生活を変える、薬を飲む、医者にかかるといったことだ。

しかし、製品となるとどうか。購入店、専門家、技術士、経験者などに判断を委ねるのか？　それは使用者が判断すべきだ。

そのためには、製品の構造、動かす仕組み、部品交換の仕方などを覚えておいたほうがよく、覚えるためには、構造や仕組みがシンプルな製品がわかりやすい。

構造や仕組みは購入時点で覚えることで、選ぶときに古くなった時のことを見通すことが大切なのだ。選ぶ時、「デザイン」「色」「他人と同じ」「持つことが特別」といった理由で選ばないこと。どのような仕組みか、自分に扱えるか、修理できるか、手が加えられるかなどを選ぶ基準とすべきである。

製品を廃棄するにもお金がかかる。手を加え、修理しながら使用し続けていけば、費用も少なく、廃棄物を増やすこともない。

衣生活こそシンプルに

衣類所有の目安

大都市、地方都市、農業地帯、漁業地帯を中心にどれだけの衣類を所有しているかを調査した結果がある。その結果によると、家族の一人当り平均所有品目数は一五九点、主婦だけでは総数二一四点であった。家族四人では、単純に計算すると、六三六点となる。これだけの衣類関係を収納しておくとなると、どれほどのスペースが必要となるだろうか。とにかく衣類は溢れている。身は一つなのに。

衣類の所有数が多ければ、それだけ増えすぎて、始末に困ることは目に見えている。また、一人がこれだけの衣類を所有したとして、すべてを均等に着ているはずはない。多分三分の一はタンスの肥やしとなっている。

日本化学繊維協会が行ったリサイクルシステムに関する調査（一九九六年）によれば、眠っている衣類数は三〇～五〇枚が最も多く、次いで三〇枚以下、五〇～一〇〇枚、一〇〇枚以上という結果であった。使われていない衣類数が多い。これらがタンス、押入れなどにそのままとなっている。これは資源を眠らせていることとなる。

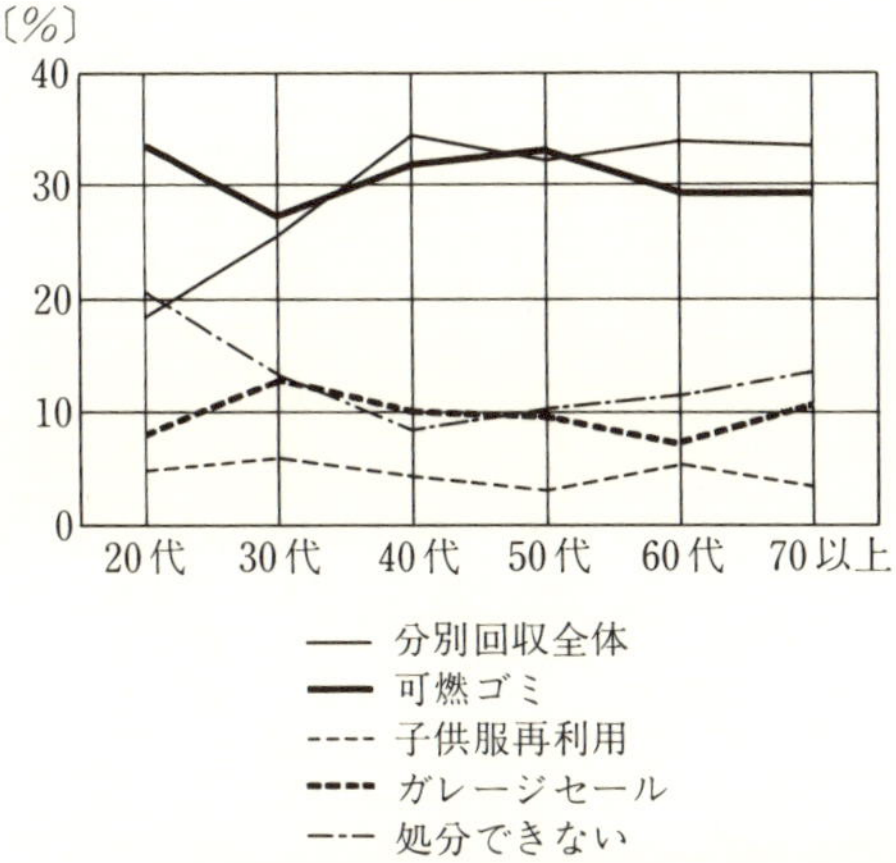

図20　年齢と処分方法
〔(社)化学繊維技術改善研究委員会（日本化学繊維協会)：合成繊維製品のモデルリサイクルシステム調査報告書　より〕

この調査で処分について質問している。

それによると、処分法の一番は、「市町村の実施する可燃ゴミとして出す」五五％、つぎに「子供会などの廃品回収の時に出す」三七％、「ガレージセール、バザーに出す」一七％と続いている。さらに、「処分できずに困っている」が二〇％もある。

これからわかることは、着ない衣類を可燃ゴミにしている事実である。燃やしてしまうと、どんな繊維でも灰となる。繊維原料から考えると燃やすのは自然循環から離れる。

廃品回収、ガレージセールなどに出すほうがまだましだが、この回答が可燃ゴミ回答より低いのが気にかかる。廃品回収であれば、リサイクルされる可能性も高い。それより、ガレージセールのほうがより衣類が有効利用される確率は高い。これらの方法で衣類は循環されたほうがよい。

ところで、「処分できずに困っている」との回答についてみると、その年齢は四〇代を境にしてはっきりと分かれている（図20）。

困っているのは二〇代、六〇〜七〇代。特に二〇代が四〇代の倍の答えとなっている。若い世代が衣類の処分に困るのは、流行を追って買い過ぎた衣類の始末に困っているから。買い過ぎを止め、再資源利用、別な用途に使用、リフォームする、といった行動に進めば衣類は大きく循環することだろう。

しっかりしたエコロジカルな衣類を着る

三枚一、〇〇〇円と一枚三、〇〇〇円のTシャツの耐用年数、傷み具合、型崩れについて着用実験での比較をしてみた。

三枚一、〇〇〇円のものは、縫い止めがお粗末で新品時から脇縫い線が曲がっており、生地も薄く、頼りなげであった。二〜三回の洗濯に耐えられず、袖口、脇の下がほつれ、約六か月の着用

（洗濯も含める）に耐えられなかった。それでも縫い合わせながらしつこく着用したが，どうにか一年は着用できたが，それで終わりであった。

一枚三，〇〇〇円のほうは縫い方は始末もよく，生地もＴシャツにしては厚地で，肌触りも良好である。着用（洗濯も含める）にも変化がなく，三年ほど経過したが，多少脇縫いが曲がってきたくらいであった。それから二年，通算五年ほどで肩や袖に小さな穴が開き始めた。それは繊維が着用の繰り返しで痩せ，切れた結果である。

この綿Ｔシャツ二種類の着用実験でわかったことは，しっかりした衣類は，一般的な衣類の使用年数を経過しても十分耐えられるほど長持ちするものである。このＴシャツを例にとると，それは価格が代表していると思われる。

間に合わせ，流行，買い物に来たついでといったことから，よくチェックせずに価格だけに引かれ，衝動的に購入すると，流行時以外には着られず，繰り返し着用に耐えられず，似合わなくなり，タンスに眠るか，廃棄（可燃や不燃ゴミ）となる。

長持ちしない衣類を多量に持つことは，衣類に使用されている資源をムダにする結果だ。繊維および衣類生産には，原料の生育，採取，選別，輸入，デザイン，縫製，仕上げなどの工程を考えると，けっしてそう安くはないはずである。しっかり衣類を見極めるポイントを持つことがシンプルライフにつながる。

また、最近は素材を重視する時代である。当然、その素材を生産するときに、漂白剤、加工剤など化学薬品が使用されていない素材が自然循環への負荷を少なくするエコロジカルな素材といえる。

アメリカで栽培されているオーガニック・コットンと呼ばれる綿がそれだ。アメリカ・テキサス州で有機栽培されている。農薬や化学肥料を使用せずに栽培され、紡績の工程でも漂白剤、化学薬品は使われていない。産地アメリカでは、栽培、糸、生地までの厳しいチェック基準があり、それに合格した綿が生産され、原料として日本に輸入され、シャツ、トレーナー、肌着、綿毛布、シーツ、ベビー用品、ブラウス、スカートなどに製品化される。こうしたオーガニック製品はアメリカだけではなく、ドイツ、オランダでも出回り始めた。

肌へ柔軟性があり、保温、保湿、吸湿性などに優れている綿が栽培により生産されることを思うと、作物と同じで、化学肥料、農薬など自然界への負荷を少なくして生育させるほうがリサイクルの理に叶っている。

これからの衣類選択には、素材選びから自然循環に配慮したものがよい。綿のほかにも、焼却しても無害な革、有機栽培の有色綿なども出始めている。

★衣類を見極めるポイント

1　素材が自然界に循環するものか

2　身体の構造を配慮したデザインか
3　用途に合った耐久性があるか
4　縫製に問題はないか
5　価格は妥当か
6　廃棄時にリサイクルできるか

手入れは自分でする

一九六一年のクリーニング代はワイシャツ三七円、コート三七七円、スカート一〇〇円であった。いま、ワイシャツ二五〇円、コート八〇〇円、スカート三五〇円、ネクタイ四〇〇円だ。総務庁統計局・家計調査年報によると、サラリーマン家庭で年間に使うクリーニング代は平均二万一〇〇〇円。

ところで、クリーニング法には、三種類の方法がある。一つは温水と洗剤を使用し、汗や食べこぼしなど水溶性の汚れを機械で落とすランドリー法。二つ目は皮脂、油性汚れを油剤の機械で落とすドライ法。そして、ランドリー法ではあるが、機械力が穏やかなウェット法。これらの方法のうち、ランドリーとウェット法は、水または温水を使用して、家庭洗濯と同様に洗剤で汚れを除去する。一方、ドライ法は揮発性の油剤（有機溶剤）を用いるのが特徴である。

ドライ法の手順は、機械に汚れ除去の揮発性油剤を入れ、そこにネットに入れた衣類を入れて自動で洗い上げる。洗いが終わると、脱液してそのまま機械で乾燥するか、取り出して自然乾燥する。脱液された油剤はフィルターで漉《こ》され、再び機械に注がれ、つぎの衣類を洗うために再使用される。つまり、ドライ法に使用される油剤は、リサイクルされている。同じ油剤を循環させる回数は決められていないが、汚れ具合をクリーニング店がチェックしている。

油剤の種類には、原油から精製した石油系、塩素を含む塩素系の二種類が、現在使用されている。このほか、フロン系があったが、オゾン層破壊から製造が禁止されている。

衣類をクリーニングに出すと、コート、ブラウス、セーター、スーツはほとんどドライで処理される。ドライクリーニングで使用される溶剤の種類によっては、溶剤そのものが大気を汚染（オゾン層破壊物質とされ、現在は製造禁止）したり、身体への影響があると報告されている。したがって、できるだけ大気汚染を避けるためには、自分で手入れをするとよい。

自分で手入れをすると、大変、面倒、わずらわしいと思われがちだが、以外と簡単。

手入れの始めは、ブラッシング。これ一本が手入れの基本である。衣類ブラシは豚毛を使用したものがよい。

かけ方は、まず毛先で衣類の表面をよく叩き、汚れ、ホコリを浮き上がせる。それから毛並に沿って上から下に払うようにブラシを動かして汚れ、ホコリを取り除いていく。ブラッシングだけで着用中の汚れ、ホコリが取れる。問題は夏の汗。これもブラッシングした後、水でタオルをよく絞り、それで汗がついた部分を叩き拭きしておく。その後風通しのよいところで乾燥させる。これだけの手入れでクリーニングや洗濯回数を減らすことができ、大気汚染への影響も少なくなる。

欲の虫

人間に棲息している虫がいる。欲虫だ。

この虫は、子供の時から元気がよく、活発に動き回る。欲しいものがあると、所かまわず泣いたり、叫んだりする。

少し大きくなり、高校生くらいになると、多少は静かになるが、いざという時は、やはり元気で威勢がよい。友達とブランドをいくつ持っているのかの競争となると、途端に張り切り出す。

さらに大きく年ごろになると、恋愛、友情の競争で最も活発に成長し、競い合いも激しく、時には喧嘩をしたり、相手を恨んだり、妬んだりと、日常なかなか忙しく、じっとしている暇がない。

ようやく結婚して落ちついた頃には、この虫はいままでより以上に大きく成長している。一戸建ての家がほしい、車がほしい、おいしいものが食べたい、美しく着飾りたい、おしゃれな、センスある生活を送りたいと常にはたらいている。

こうして欲虫はどんどん大きく成長していく。これでよい、と思う充足感を持たない。暑い、寒い、エネルギーを多量に消費する。御中元、御歳暮でも欲は膨らみ、駆けずり回る。しだいに衰えてはいるように見えても、それは見せ掛けだ。

還暦を迎えるころには、あちこちが痛いといいながら、おいしいものは見逃さず、視野を広めたいと旅行はかかさず、もったいないと無闇にいろんなものを溜め込む。

ようやく欲虫が退治できるころ、住まいにさせていた本人も寿命となる。そして、欲虫が死んだ後をみると、どっさりと溜めたゴミ、廃棄物が残る。欲虫は早く退治することだ。

助け助けられる生活

地球を環境から見ると、半分に分けられる。北と南だ。

北は割合生活に必要な物質が豊かに得られる。南はまだまだ生きるのに必要な物質が十分に行き渡っていない。同じ地球であるが、このことは二つのバケツに例えられる。

二つのバケツの一方にはいっぱい入っている。もう一方はほとんど入っていない。空《から》のほうを満たすには、溢れているほうから注げばよい。話は簡単だ。

いまの私たちの生活は、食材を初め、石油、鉱石、森林など多くを輸入に頼っている。それは多くは空っぽのバケツの方から来る。つまり、空っぽの方に助けられている。

逆に、空っぽのバケツを助けるにはどうしたらよいか。それは、私たちの生活のサイズをより小さくして、余る分を空のバケツに注げばよい。生活のサイズを小さくすれば、輸入量も小さくなり、空のバケツに残る結果になる。それで少しずつ空を埋めていく。

特に食材は生きるための必需品だから、摂りすぎない、必要以上を欲しがらない、食べ残さない、ムダに捨てないことだ。これだけでも空が少しは潤う。

そのうえで、力のある方は空のバケツが自立できるように、別の方法で助けることが必要だ。おたがいが協力し合うことで、地球に共に生きる実感を持たなければならない。

どちらかが一方的によりかかるのでは、地球上に共生することにはならない。共に生きるためには、本体である地球に負荷をかけるようなことだけは、どちらも避けねばならない。このことをもっともっと強く思わなければならない。

リサイクル社会とシンプルライフ　

2000 年 9 月 22 日　初版第 1 刷発行

検印省略

著　者　阿《あ》　部《べ》　絢《あや》　子《こ》
発行者　株式会社　コロナ社
　　　　代表者　牛来辰巳
印刷所　新日本印刷株式会社

112-0011　東京都文京区千石 4-46-10
発行所　株式会社　コ　ロ　ナ　社
CORONA PUBLISHING CO., LTD.
Tokyo　Japan
振替 00140-8-14844・電話(03)3941-3131(代)
ホームページ　http://www.coronasha.co.jp

ISBN4-339-07695-3　　(藤田)　　(製本：愛千製本所)
Printed in Japan